AF453952

LE VILLAGE

DES ALCHIMISTES.

C'était un spectacle charmant à voir que le folâtre pêle-mêle de ces enfants.

LE VILLAGE

DES

ALCHIMISTES

imité de l'allemand

De Henri ISCHOKKE,

PAR

ALFRED D'AVELINE.

PARIS
LIBRAIRIE DE P. LETHIELLEUX,
RUE BONAPARTE, 66.

TOURNAI
LIBRAIRIE DE H. CASTERMAN,
RUE AUX RATS, 11.

H. CASTERMAN
ÉDITEUR.
1859

LE VILLAGE

DES ALCHIMISTES.

CHAPITRE PREMIER.

Le retour du soldat.

Par une chaude et splendide après-dînée de dimanche, les petits garçons et les petites filles du village de Valdor étaient réunis sous le vieux tilleul du marché, et chantaient ou riaient chaque fois qu'un des gens de l'endroit, après avoir un peu trop lorgné le fond du verre, sortait, en chancelant, d'une des tavernes qui dressaient sur la grand'place leur façade empanachée d'une touffe de genêt. Les autres paysans étaient assis avec leurs femmes dans les trois cabarets, et buvaient ou jouaient, faisant un tapage infernal ou échangeant de grands coups de poing, comme cela se pratique quand la bierre et le genièvre se vendent à bon marché.

En ce moment, un homme grand et vigoureux de taille entra dans le village. Il pouvait avoir à peu près trente ans. Vêtu d'une capote grise, il avait un grand sabre au côté et un havre-sac sur le dos. Il était d'un aspect singulièrement farouche : une large cicatrice lui traversait tout le front, et de sa lèvre supérieure descendait une énorme moustache noire, de sorte qu'à son approche, les enfants s'enfuirent dans toutes les directions.

Cependant, deux ou trois vieilles femmes, à qui il adressa la parole, le reconnurent aussitôt et s'écrièrent :

— Hé ! voilà Pierre, le fils du maître d'école, que nous avons vu partir pour la guerre, il y a quinze ans. Mais, mon Dieu, voyez donc comme il est devenu grand et fort !

Aux exclamations, aux cris d'étonnement des femmes, jeunes et vieux sortirent des tavernes, et bientôt le village tout entier se trouva rassemblé autour de Pierre.

Alors, ce fut à qui le premier lui serrerait la main. Il la tendit avec empressement à tous ses anciens amis, et leur dit qu'il revenait à Valdor pour vivre désormais tranquillement au milieu d'eux, qu'il en avait assez de la vie de soldat et qu'il était content d'en être sorti sain et sauf. Comme il parlait ainsi, chacun d'eux se mit en devoir de l'entraîner vers un cabaret, l'un à droite, l'autre à gauche ; car on brûlait de boire à sa bienvenue et d'entendre le récit de ses aventures. Mais Pierre les remercia du plus profond de son cœur, et leur dit :

— Mes bons amis, laissez-moi ; je suis fatigué de la longue route que je viens de faire, et j'ai besoin de me reposer. Mais, qui donc, ajouta-t-il, habite la maison de feu mon père, et qui en cultive le champ ?

Aussitôt, le meunier du village s'approcha de Pierre et lui répondit :

— Étienne le tisserand tient à loyer la maison et le champ. Mais, puisque te voilà de retour, il te remettra en possession de l'un et de l'autre. C'est à moi que, pendant ton absence, le conseil de la commune a confié le soin d'administrer ton petit patrimoine. En attendant qu'Étienne se soit pourvu d'une autre habitation et qu'il ait évacué la tienne, tu pourras passer quelques jours sous mon toit. Là, je te rendrai compte de ma gestion.

Quand il eut dit ces mots, le meunier se dirigea avec son hôte vers le moulin, où il lui fit préparer bon souper et bon lit.

Cependant Pierre eut à s'informer d'une infinité de choses et à s'enquérir de ce qui s'était passé dans le village depuis son départ. De leur côté, le meunier et sa femme eurent beaucoup à lui raconter : de sorte que la causerie, si intéressante pour tous, se prolongea jusque vers minuit.

Pendant le temps qu'elle avait duré, Pierre avait plus d'une fois regardé par-dessus la table la fille du meunier, la timide et pieuse Lisbeth ; et, certes, les grands yeux noirs et la figure douce et modeste de Lisbeth en valaient la peine. De son côté, la jeune fille avait aussi aventuré de temps en temps, quoique avec une extrême réserve, un regard du côté de l'hôte de son père ; car Pierre était un jeune homme d'un aspect imposant, grave, même quelque peu rude, grâce à l'énorme entaille qu'il avait au front et à l'effroyable moustache dont sa lèvre était garnie. Cependant, il y avait, dans ses manières, dans sa contenance et dans son langage, un cachet de distinction et un charme tels qu'on l'eût pris, sans peine, pour un monsieur de la ville. Aussi Lisbeth craignait-elle de lui adresser la parole ; et, quand il levait les yeux sur elle, elle ne savait de quel côté tourner les siens. Toutefois, elle se hasarda à lui dire timidement quelques mots touchant son énorme moustache.

Le lendemain, quand Pierre descendit pour déjeuner, la moustache avait disparu. Avait-il voulu prévenir désormais toute observation de Lisbeth à cet égard ? Nous ne saurions le dire. Ce qui est certain, c'est qu'il n'eût rien aimé autant que de passer toute sa vie dans le moulin ; car le meunier et sa femme étaient d'excellentes gens, et la bonté du cœur de Lisbeth rayonnait dans ses yeux vifs et clairs, comme ceux d'un jeune oiseau. Mais, à peine huit jours s'étaient-ils écoulés, que Pierre put s'installer dans sa propre maison et entreprendre le soin de son propre domaine. Il possédait cinq arpents de verger et de prairie, outre cinq autres arpents de terre arable, pour l'exploitation de laquelle il acheta une belle vache au moyen des intérêts que son curateur avait mis en épargne pour lui.

Or, comme sa maison était vieille et délabrée, il obtint, de la commune, du bois et des pierres pour la réparer, et il s'occupa

incontinent de faire tout restaurer, regratter, raboter, repeindre
et blanchir. Il tenait lui-même avec ardeur la main à l'œuvre,
maçonnait, plâtrait et nettoyait depuis le matin jusqu'au soir, pour
que tout devînt propre et avenant, sans qu'il eût à dépenser beaucoup d'argent.

Enfin, l'automne venue, vous eussiez vainement cherché dans
tout le village une maison aussi gentille, aussi fraîche, aussi charmante que celle de Pierre. Elle était agréablement située près du
ruisseau, au milieu d'un jardin disposé avec autant de goût qu'eût
pu l'être un jardin de la ville. Les allées et les sentiers qui serpen-
taient entre les parterres et les plates-bandes, étaient semés de
sable fin et de gravier pilé. Aussi Pierre éprouvait-il le plus vif
plaisir chaque fois que la gracieuse fille du meunier y jetait un
regard furtif par-dessus les palis verts qui en formaient la clôture. Il avait à cœur de lui montrer avec quel soin il cultivait
les fleurs qu'elle lui avait données, et peut-être voulait-il l'engager par là à tenir la promesse qu'elle lui avait faite de lui en
donner d'autres au printemps prochain.

Pendant longtemps, les gens de Valdor ne surent que penser de
Pierre. Il était revenu de la guerre aussi pauvre qu'il l'avait été en
quittant le village; c'est ce qu'ils voyaient clairement. A la vérité,
il lui était arrivé de la ville un grand coffre rempli de vêtements
et de linge, outre quelques livres. Mais c'était là toute sa richesse;
car le poids du coffre n'avait pas permis de conclure qu'il s'y
trouvât de l'argent.

— Qu'il aille! disaient les uns. C'est un pauvre diable, et de
plus, un imbécile qui n'a pas su remplir sa sacoche à la guerre. Il
n'a pas même de quoi aller boire sa pinte au cabaret, le dimanche;
je ne parle pas de payer un petit verre. Avec cela, il doit travailler comme un cheval depuis le lever du jour jusqu'à la nuit close.
Ma foi, il est bien heureux d'avoir trouvé le mince héritage de son
père, sans quoi, il serait à la charge de la commune.

— Qu'il aille! disaient les autres. Il ne peut pas se vanter
d'avoir accompli beaucoup d'actes héroïques; car il ne parle guère
de sa vie de soldat, et Dieu sait où le fou a trouvé la cicatrice qui

lui orne le front. Il doit bien se féliciter de n'avoir plus à flairer
l'odeur de la poudre.

— Qu'il aille! disaient d'autres encore. Il n'a jamais une bonne
parole à nous adresser, et il s'imagine que nous lui devons tous du
respect, parce qu'il a porté le fusil. C'est un drôle à qui l'orgueil
trouble le cerveau et qui doit être bien content qu'on ne lui marche pas sur les pieds.

— Qu'il aille! disait-on enfin. Celui-là n'a rien appris de bon à
la guerre. Il possède des livres que personne ne sait lire, et que le
curé lui-même ne comprendrait peut-être pas. On y voit des
signes et des figures, que c'est à faire frémir. Je suis certain qu'il
y a quelque chose là-dessous.

— Dieu nous assiste! s'écriait-on d'une voix unanime. Que tout
soit en règle chez lui, c'est ce qui n'est pas vrai, et on le sait bien.
Il n'a encore laissé pénétrer ame qui vive dans sa petite chambre
de derrière, pas même les gens du moulin, avec qui cependant il
paraît être dans de si bons termes. On y voit toutes les nuits bril-
ler de la lumière par les fentes des volets. Cette chambre, il la
tient constamment fermée avec le plus grand soin, et les volets,
il ne les ouvre pas même en plein jour.

C'est ainsi que les gens du village parlaient de Pierre, et ils ne
le tenaient guère en estime.

CHAPITRE II.

Vices et misère.

Bien que les Valdoriens fissent peu de cas de Pierre, il leur témoignait cependant à tous de l'affabilité et de l'intérêt. Dans le principe, il allait à droite et à gauche, dans la maison de chacun, et il visitait l'un après l'autre, s'enquérant des enfants, des biens que l'on possédait, de la manière dont on travaillait les champs, et de mille autres détails semblables.

Le village de Valdor avait été naguère un des plus prospères qu'on pût voir. On n'y eût pas trouvé, il est vrai, des fortunes considérables; mais on y eût vu le bien-être régner dans tous les ménages. Maintenant, tout était changé. Tout y allait au pire, excepté chez quelques riches fermiers, chez les cabaretiers et chez les hôtes du moulin. La misère montrait le visage par toutes les fenêtres, et le pot de maître Grigou ne cuisait que de maigres potages. Sur cent ménages, il y en avait au moins vingt qui envoyaient leurs enfants mendier dans les rues. Soixante autres vivaient misérablement, écrasés de dettes. Une partie du reste était encore en état de payer régulièrement les charges communales et de lier les deux bouts de l'année.

Rien qu'à voir le dehors des maisons, on pouvait se faire une idée de la misère qui régnait au dedans; car les toits délabrés, les murs dont les briques ne tenaient presque plus ensemble, les portes et les volets disjoints et souillés de poussière et de boue, enfin, les fenêtres, où des carrés de papier tenaient lieu de vitres, tout concourait à accuser cette misère. Entrait-on dans les maisons, on n'y trouvait que malpropreté et infection. Les tables et les bancs étaient d'une saleté extrême. Le miroir, s'il y en ava un, était, depuis des années, aveuglé par les mouches. Le plancher était troué, et le dallage, noir comme la terre, était couvert d'une couche de boue durcie. Dans la cuisine, on n'eût compté que quelques mauvais ustensiles qui n'étaient pas même lavés. Dans le potager, point d'ordre ni de soin; seulement, çà et là, quelques légumes y croissaient comme par hasard. On paraissait content quand on avait assez de pommes de terre pour la famille et pour les porcs. Devant chaque maison se trouvait un affreux pêle-mêle de tas de fumier, d'instruments aratoires, de bois, en un mot, de tout ce qu'on ne pouvait mettre à l'abri. Les hommes et les femmes étaient couverts de vêtements malpropres, déchirés ou grossièrement rapiécés. A leurs cheveux en désordre et inconnus du peigne, se mêlaient des brins de paille et des plumes. Souvent il se passait une semaine entière sans qu'on se lavât les mains et le visage. Enfin, les petits enfants restaient parfois tout un demi-jour à se vautrer dans l'ordure qui souillait leur berceau, et ceux qui étaient plus grands, jouaient demi-nus dans la boue devant la porte.

Il n'était pas étonnant que cette horrible malpropreté engendrât fréquemment des maladies. Dans ce cas, on allait plutôt demander conseil à quelque vieille femme, à quelques charlatan ou à quelque barbier du village, qu'à un médecin instruit et expérimenté; car le tout était d'avoir une consultation à bon marché. Or, quand le mari ou la femme étaient forcés de garder le lit et qu'ils ne pouvaient tenir la main au travail, le ménage allait à reculons. Alors il fallait vendre à tout prix un meuble ou une tête de bétail ou une pièce de terre, ou emprunter de l'argent à gros intérêt. Cela durait jusqu'à ce qu'on eût plus de dettes qu'on n'en pouvait payer. Finalement, on se voyait, un beau matin, exproprié et réduit à la besace.

Quand Pierre s'avisait de donner çà et là quelque bon conseil, ou qu'il blâmait la négligence et le désordre auxquels on se livrait, il obtenait pour tout remerciement de mauvaises raisons et de mauvaises mines.

Les uns lui disaient :

— Des pauvres comme nous ne peuvent pas vivre dans le luxe. Il faut prendre les choses comme elles sont.

Les autres lui répliquaient :

— Est-ce que cela vous regarde ? Mêlez-vous de vos propres affaires , s'il vous plaît.

Dans les maisons des riches fermiers, tout avait un autre aspect, et on y voyait de meilleurs meubles et de meilleurs vêtements. Cependant il régnait aussi chez eux beaucoup de malpropreté et de négligence. Cela se comprend. Comme ils avaient constamment sous les yeux le spectacle des ménages misérables qui les entouraient , ils avaient fini par s'y habituer et par contracter le même esprit de désordre. Toute la semaine, ils portaient des habillements sales et déchirés, et le dimanche seulement ils se pavanaient en belle toilette. D'ailleurs, chez eux aussi, on n'entendait que des plaintes sur la dureté du temps, sur l'administration et sur les gens du village. Car, presque tous les ménages étant chargés de dettes , il y en avait très-peu qui fussent en mesure de faire face aux contributions ; et , comme la commune avait été forcée , pendant la guerre , de contracter un emprunt considérable , il ne restait en définitive que les familles aisées pour payer les impôts et pour supporter les autres charges de la commune , de la province, et de l'État. C'est ce qui excitait au plus haut degré leur dépit et leur mécontentement.

En général , dans le village de Valdor , ce n'était que divisions, disputes et querelles. L'un se défiait de l'autre , et chacun médisait de son voisin. Ni foi ni loi. Rien que fraude et fourberie. Les pauvres portaient envie aux riches ; ceux-ci tourmentaient et opprimaient les pauvres. Quand les riches prêtaient de l'argent , ce n'était que pour en tirer une scandaleuse usure ; car ils prenaient des pauvres gens, qui étaient dans le besoin, un intérêt de douze et même de vingt pour cent , sans que leur conscience de chrétiens s'en alarmât le moins du monde. De leur côté, les pauvres se vengeaient comme se vengent des vauriens : la nuit , ils endommageaient les arbres et les plantations des riches , ils volaient leurs fruits ou leurs légumes , leurs pigeons, leur bois ,

leurs poules, en un mot, tout ce qu'ils pouvaient attraper et facile-
ment emporter. Il n'était plus possible de se fier à une parole ni à
un serment. Même entre les époux, il n'y avait que division et dis-
pute. Les enfants ne voyaient que cela tous les jours, et ils ne
recevaient pas d'autres leçons.

Malgré l'appauvrissement visible de la commune, malgré l'ardeur
qu'on mettait à se plaindre de l'administration, du gouvernement
et des mauvais temps, malgré l'impossibilité où l'on se trouvait
parfois de se procurer même les choses les plus indispensables,
tout le monde se donnait des airs de grand seigneur. Personne ne
se fatiguait trop à travailler. Les plus aisés se rendaient tard aux
champs ; ils en revenaient de bonne heure, et ils ne manquaient
jamais de dire :

— Dieu merci, nous pouvons bien nous donner un peu de
bonne vie.

De leur côté, les pauvres et les journaliers laissaient, à chaque
demi-heure, tomber les bras, suspendaient leur travail, regar-
daient en bâillant autour d'eux, et se disaient :

— Quant à nous, nous ne sommes pas des chevaux de labour.
Il faut aussi se reposer un peu.

Mais, le samedi au soir ou le dimanche, chacun avait de l'argent
pour se donner du bon temps au cabaret et boire de la bierre ou
de l'eau-de-vie. Alors, c'était un feu roulant de cris :

— Holà ! maître, encore un demi-litre !

— Et à moi un petit verre !

— Allons ! en avant les cartes !

Alors on faisait passer par le gosier tout le salaire de la semaine
et souvent plus. On jouait. L'un perdait son argent. L'autre dépen-
sait le sien à boire, ou à payer la danse. Souvent même, dans le
courant de la semaine, on allait visiter le cabaret, de peur d'en

oublier le chemin. Les hommes ne pouvaient souffrir la soif, tandis que les femmes et les enfants avaient à peine de quoi satisfaire leur appétit. Mais y avait-il par hasard quelque argent dans la maison, si peu que ce fût, vite il fallait du café et des gâteaux. Et l'on se disait :

— Bon Dieu ! cela nous arrive si rarement. Ne faut-il pas avoir une fois un petit moment de plaisir ? Sans cela, à quoi nous servirait la vie ?

Des jours de fête, on en avait un grand nombre, et l'on tenait à les chômer. Quand c'était la foire de la petite ville voisine, il fallait y aller pour faire connaissance avec les cabarets bourgeois et pour entendre ce qui se passait de nouveau dans le monde. Alors c'étaient des courses sans fin, des démarches de tout genre, chez des avocats dont on voulait savoir l'avis sur un procès où l'on se trouvait engagé, chez un juge dont on croyait pouvoir solliciter l'indulgence, chez un homme d'affaires à qui l'on allait demander un délai pour le paiement d'une rente dont le terme était échu. Tout cela donnait lieu à peu de bénéfices et à beaucoup de dépenses et de temps perdu. Par une conséquence inévitable, le bien-être des familles diminuait plus qu'il n'augmentait. C'est pourquoi l'un aussi bien que l'autre se plaignait des mauvais temps, de l'administration et des gens du village.

CHAPITRE III.

Pourquoi le village de Valdor était pauvre.

En voyant tant de péchés et de vices marcher la tête haute dans le village, Pierre se sentit le cœur rempli d'indignation et de douleur. Il se rendit donc au moulin, comme il faisait chaque fois qu'il éprouvait quelque tristesse; car le sourire de la pieuse Lisbeth avait pour lui un charme souverain. A ce rayon magique, tous ses chagrins se dissipaient comme les brouillards des montagnes disparaissent devant l'éclat du soleil.

Pierre dit au meunier :

— Mon Dieu ! comment se fait-il qu'il y ait tant d'impiété et de désordre dans les cœurs et tant de misère dans les maisons ? Il n'en était pas ainsi naguère. Alors, l'activité régnait dans les champs, la propreté dans le village, la concorde dans les familles et l'abondance dans les granges. Alors, nos villageois étaient estimés des gens de la ville et on les appelait les messieurs de Valdor. Aujourd'hui, comme tout est changé de face ! La misère et la corruption sont assises côte à côte sous les toits. Se peut-il que la guerre ait produit tant de mal ?

— Notre village, répondit le meunier, a beaucoup souffert de la guerre, de même que d'autres villages et villes. Des troupes étrangères ont pris quartier chez nous et ont épuisé nos provisions. Nous avons dû leur fournir tout ce qu'elles exigeaient. Nous avons dû payer à l'État des contributions et des taxes, tandis que nous ne gagnions presque rien; car le commerce n'allait plus qu'à demi et l'industrie n'allait plus du tout. Puis sont venues des années désastreuses qui ont détruit les moissons dans nos champs,

le foin dans nos prés, les fruits sur nos arbres. Cependant, je dois
le dire, ce n'est pas de la guerre ni de la cherté de toutes choses
que provient notre misère. Car d'autres villages ont souffert autant
que le nôtre, et pourtant ils se relèvent et reprennent un aspect
de bonheur et de prospérité, tandis que Valdor décline chaque
jour davantage et menace de tomber dans une ruine sans remède.

— Que le bon Dieu l'en préserve! s'écria Pierre. Mais d'où vient
donc cet état de choses ?

— Cela vient, répondit le meunier, de ce que d'autres font tous
les efforts possibles pour atteindre le rivage, tandis que nous nous
abandonnons au flot du malheur et que nous n'attendons notre
salut que du hasard. Même ceux qui pourraient nous aider, nous
poussent plus avant encore dans le courant.

— Et quels sont ceux-là ?

— Je veux bien te confier cela, entre nous, repartit le meunier.
Quand une commune va à reculons, on peut dire en toute sûreté
qu'elle est mal administrée. Et c'est là le cas chez nous. Notre administration est composée en partie d'hommes égoïstes, en partie
d'hommes simples et faibles. Deux d'entre eux sont propriétaires
de plusieurs cabarets, et le gendre du troisième en a également
un. Ils sont donc intéressés à ce que les bonnes gens aiment mieux
se trouver assis devant un pot de bierre que de se rendre à l'ouvrage. Quand le conseil doit tenir ses séances, il s'assemble tantôt
dans une taverne tantôt dans une autre ; la discussion est entrecoupée à chaque moment d'une libation en guise de parenthèse,
et elle se termine par une libation plus abondante, qui est le point
de la phrase finale. Quand ceux qui ont soif n'ont pas d'argent,
on leur verse de la bierre à crédit. Sont-ils plus tard dans l'impossibilité de payer, on les force à faire cession tantôt d'une petite
pièce de terre, tantôt d'une autre, que l'on accepte en paiement,
ou l'on fait vendre publiquement ce que les gens possèdent. Alors
ce sont des mendiants tout façonnés pour la besace. Il se fait de
cette manière que peu à peu toutes les propriétés foncières se
réunissent dans les mains de quelques richards. Celui qui veut
emprunter de l'argent, va les trouver, et il en obtint d'eux moyen-

nant un intérêt de dix ou de quinze pour cent. C'est ainsi que les gens qui sont obérés se ruinent d'autant plus vite par une usure peu chrétienne.

— Mais pourquoi ceux qui ont besoin d'argent ne vont-ils pas plutôt en emprunter, dans d'autres endroits ou dans la ville, chez des gens probes et honnêtes? demanda Pierre.

— Parce qu'ailleurs on ne veut plus confier un sou à notre commune, répliqua le meunier. Car, notre administration ayant fréquemment de la manière la plus effrontée et la plus légère attesté la solvabilité de gens entièrement ruinés, ceux qui leur prêtaient de l'argent, ont été trop souvent dupes pour avoir encore la moindre confiance en nous. Nous avons ainsi perdu toute créance et conséquemment tout espoir dans le secours étranger. Et comme personne dans la ville ne veut plus nous faire de crédit, nos gens déclament et crient journellement contre elle et la menacent du fer et du feu. Si quelque malheur arrivait à la ville, notre misérable engeance en éprouverait la plus grande joie, quoiqu'elle y trouve encore un bon salaire à gagner, et surtout d'abondantes aumônes à recueillir.

— Cela est vraiment affreux! s'écria Pierre. Mais, enfin, ne nous reste-t-il pas quelques belles et bonnes propriétés communales ?

— Vas-y voir, mon ami, reprit le meunier. Nos biens communaux sont grevés de dettes, et le produit en est épuisé par les riches. Quand nos administrateurs s'occupent de quelque affaire, d'opérer une visite cadastrale, de vérifier une délimitation, de répartir une coupe de bois, ou de quelque chose de semblable, ils font gogaille et bonne chère aux frais de la commune, et le plus clair de nos ressources leur passe par le gosier. Chaque vacation doit leur être payée. De plus, comme les riches seuls peuvent tenir des bestiaux et que les pauvres n'en ont point, ceux-là profitent exclusivement du droit de vaine pâture dans les forêts et sur les terres communales, dont les pauvres ne retirent pas le moindre avantage.

— Mais, mon ami, puisque vous savez tout cela, pourquoi ne

le proclamez-vous pas tout haut dans la commune et n'ouvrez-
vous pas les yeux aux gens ? demanda Pierre tout rouge de colère.

— Parce que je n'y gagnerais rien, répondit le meunier. La plupart des habitants du village étant les débiteurs des riches, ceux-
ci font ce qu'ils veulent, et mal en prendrait à celui qui s'élèverait
contre eux. Si quelqu'un d'entre nous s'avise d'ouvrir la bouche
contre les abus qui nous rongent, tous les misérables se mettent
à crier et à hurler de telle sorte qu'on peut à bon droit se croire en
danger de mort. C'est ce que nos administrateurs et les riches
savent fort bien. Ils regardent la masse de nos pauvres comme
une meute qu'ils lâchent selon leur bon plaisir contre ceux qui se
mettent dans leur chemin.

— Chose horrible ! répéta Pierre. Mais, du moins, si ces gens
n'ont pas d'intelligence, ils ont une conscience et la crainte de
Dieu...

— Une conscience et la crainte de Dieu ! objecta le meunier.
Ah ! si ce trésor leur restait, tout ne serait pas désespéré. Mais
celui-là aussi, ils l'ont perdu. Car on ne prête plus même l'oreille
aux paroles du digne curé de la paroisse. Le pieux vieillard
n'épargne aucune peine pour faire rentrer les gens en eux-mêmes
et les rappeler à Dieu. Mais tous ses efforts échouent contre l'endur-
cissement des cœurs. On ne va plus à l'église que par simple habitude ; on n'écoute plus qu'avec ennui les meilleures exhortations ; et, à peine est-on sorti de l'office, qu'on retourne à la
dissipation et au mal. Or, comme les gens ne se corrigent pas dans
leur cœur, les choses n'en vont pas mieux autour d'eux. Et tels
sont les parents, tels sont les enfants...

— Comment ! interrompit Pierre avec vivacité. L'instituteur ne
vaut donc pas mieux que les autres ?

— Hélas ! non, répliqua le meunier. Depuis que la mort nous a
enlevé votre père, ce sage et religieux vieillard dont Dieu ait
l'ame, l'école va aussi mal que tout le reste. C'est à peine si les
garçons et les filles y apprennent un peu à lire, à écrire, à calculer, et à réciter quelque prière. En revanche, ils apprennent dans

leur maison tout ce qu'ils voient faire à leurs parents, tous les vices qui corrompent l'ame, qui abrutissent l'esprit, et qui ruinent cœur.

Quand Pierre eut entendu ces paroles, il poussa un profond soupir, secoua douloureusement la tête et quitta le moulin, tout navré de tristesse.

CHAPITRE IV.

Comment Pierre devint orateur.

Un dimanche, après la grand'messe, toute la commune fut convoquée sur la grand'place. Il s'agissait d'aviser à un moyen de trouver de l'argent. Car le gouvernement avait imposé au pays une contribution extraordinaire; et, pour comble, le village venait d'être mis en demeure de rembourser une dette dont l'intérêt n'avait pas été régulièrement payé. Aussi, selon l'usage, la commune s'assembla autour du tilleul qui occupait le centre de la grand' place. Au milieu du cercle des bourgeois se trouvait le conseil, et au dehors se tenaient les femmes et les enfants pour voir et entendre ce qui allait se passer.

Pierre s'y était rendu comme tous les autres, mais avec l'intention bien formelle d'ouvrir enfin les yeux à ses malheureux concitoyens. Il attendit que les conseillers eussent fait connaître aux assistants les motifs de la convocation et qu'ils eussent terminé leurs discours. Quand ils eurent fini, il monta sur une borne plantée non loin du tilleul et du haut de laquelle il pouvait être vu de tout le monde. Alors il prit la parole en ces termes :

— Mes chers concitoyens, il y a bien des années, étant encore presque enfant, je vous ai quittés pour entrer dans l'armée. Je suis revenu ici à l'âge d'homme. Mais, en rentrant dans notre village, à peine si je l'ai reconnu, et mon cœur s'est brisé de douleur quand j'ai vu combien tout y est changé. Autrefois notre village justifiait son nom de Valdor; car il était un véritable val d'or, et Dieu lui accordait des bénédictions plus abondantes qu'à tout autre. La plupart d'entre vous étaient des gens aisés. Très-peu de pauvres. De mendiants, aucun. Alors, à raison de notre situation prospère, on nous appelait dans tout le pays les messieurs de Valdor. Nous n'étions pas couverts de guenilles comme des mendiants; mais nos vêtements étaient convenables, simples et propres. Alors la misère ne régnait pas dans nos maisons; nous pouvions, au contraire, mettre quelques petits francs de côté. Alors la commune, loin d'être chargée de dettes, retirait de beaux intérêts des capitaux que nous avions épargnés et solidement placés. Alors nos champs étaient grassement fumés et bien labourés, car chacun avait son cheval dans l'écurie, sa vache, ses chèvres ou ses moutons dans l'étable, et ses porcs sous le toit. Alors notre village avait l'aspect d'un bourg qui faisait plaisir à voir. Les maisons étaient belles et avenantes au dedans aussi bien qu'au dehors; et certainement aucun monsieur de la ville n'eût eu à rougir d'y avoir sa demeure. Les meubles de nos chambres et de nos cuisines prouvaient qu'on était dans l'aisance, et les fenêtres brillaient comme des miroirs. Peu de gens avaient des dettes, et celui qui en avait ne se demandait pas avec inquiétude comment il les paierait. Dans ce temps-là, un homme de Valdor trouvait dans la ville, sans qu'on lui demandât sa signature ou un gage, et rien que sur sa simple parole, un crédit de cent francs et même au delà. Alors, mes chers concitoyens, c'était un temps de bénédiction pour nous tous. »

A mesure que Pierre parlait, les marques d'assentiment se manifestèrent plus vivement dans l'auditoire. Enfin, une explosion se fit parmi les assistants, dont plusieurs s'écrièrent en l'interrompant :

— C'est la pure vérité !

— Pierre a raison !

— C'est comme cela !

Mais, voyant la multitude si bien disposée, Pierre reprit aussitôt :

— Aujourd'hui, il n'en est plus de même. Au lieu d'appeler notre village du nom de Valdor, on devrait l'appeler le val de boue, d'ordure, de ronces et d'épines. Nos champs produisent infiniment moins qu'autrefois; car les uns ont trop de terre, les autres n'en ont pas assez, et ceux qui restent sont trop paresseux et trop négligents pour gagner leur vie par le travail. Beaucoup ont cessé de regarder la mendicité comme une chose honteuse; ils la tiennent, au contraire, pour une profession et une industrie honorable. La plupart des ménages sont endettés, et l'un aussi bien que l'autre prévoit le moment où il sera dépouillé par une saisie judiciaire et jeté dans la rue. Les huissiers ne cessent de parcourir notre commune. Nous sommes constamment en procès et en querelle avec les villages voisins, et parmi nous, il n'y a qu'inimitiés et divisions. Notre orgueil d'autrefois, nous l'avons encore; mais notre argent d'autrefois, nous ne l'avons plus. Les rues sont pleines de boue, et les maisons pleines d'immondices; mais les cœurs le sont plus encore. Car chacun s'entend mieux à boire qu'à travailler, mieux à emprunter qu'à payer, mieux à tromper et à voler qu'à donner, mieux à agir avec fraude qu'avec sincérité. Si nous continuons à marcher de la sorte, nous sommes destinés à périr dans la misère et dans la honte. Nous n'avons déjà plus le moindre crédit dans la ville ni dans le pays; et, quand on veut dire d'un homme qu'il est un mauvais sujet, on dit : « Il est de Valdor. »

En ce moment, un sourd murmure et une vive agitation s'élevèrent dans la foule, et tous les yeux lancèrent des regards sinistres à l'orateur. L'émotion devint telle que Lisbeth, la fille du meunier, commença à craindre qu'il n'arrivât malheur à Pierre; car elle se tenait debout sur un banc placé devant la porte de sa maison et elle ne détachait pas les yeux de dessus son voisin pour qui elle éprouvait toute la sympathie due à la sincérité et à la droiture.

Cependant Pierre, loin de se laisser intimider par les murmures et par l'agitation de son auditoire, continua en ces termes :

— Mes chers concitoyens, s'il vous reste dans les veines une seule goutte de sang raisonnable et pieux, serrez-vous la main l'un à l'autre et dites-vous : « Tout cela doit changer, tout cela changera! » Car enfin qui est la faute de votre misère? Disons-le franchement, ce sont les cabarets. C'est là que vos champs ont été noyés dans les tonneaux de bière, et que vos vaches ont été abattues à coup de cartes et de dés. C'est là que vous avez désappris l'économie et oublié le travail. La misère engendre le vice, et l'oisiveté est l'oreiller du diable. L'argent de vos pères, vous l'avez dépensé, et vous portez leurs habits de fête, troués aux coudes. Quand vous avez quelques sous dans la poche, vous allez les boire gaiement, tandis que vos femmes et vos enfants manquent de pain dans la maison. Comment tout cela doit-il finir ? Et maintenant, je demande aux membres de notre conseil : Que sont devenus les biens de la commune, et comment avez-vous géré le patrimoine que nos pères nous ont laissé ? Pourquoi refusez-vous de rendre vos comptes, et ne cherchez-vous pas sincèrement les moyens de nous tirer d'embarras ? Pourquoi aimez-vous mieux faire bonne chère aux frais de la communauté que d'épargner son avoir ? Pourquoi ne fermez-vous pas les cabarets, et n'ouvrez-vous pas des rigoles qui assèchent les parties marécageuses de la forêt communale, ou des routes où l'on ne se casse pas le cou comme dans les nôtres ? Pourquoi êtes-vous si faciles à prêter de l'argent aux dissipateurs, et si lents à les sauver de la besace ?

Comme Pierre parlait ainsi, quelques-uns des membres du conseil s'écrièrent :

— Veux-tu bien te taire, vaurien ? sinon, nous allons te faire entendre raison.

Et la foule tout entière répéta ce cri :

— Veux-tu bien te taire ?

Mais, sans se déconcerter, Pierre répliqua :

— Vous avez pour vous la force ; mais j'ai pour moi le droit de demander à la justice de décider entre nous. S'il me plaît de vous sommer de rendre compte de votre gestion, la loi montrera qui de nous mérite le nom de vaurien. Quant à vous, mes concitoyens, en est-il un seul parmi vous qui puisse dire que je mens ou que je me sers de l'arme de la calomnie ? Interrogez votre conscience, et demandez-lui si le patrimoine de la commune est augmenté ou diminué; demandez-lui si vous êtes devenus plus riches ou plus pauvres; demandez-lui si la bonne foi et la religion ont encore quelque prix à vos yeux; demandez-lui si la crainte de Dieu et l'amour du prochain règnent parmi vous, et si, au contraire, ils n'ont pas été remplacés par l'égoïsme, par l'usure, par la duplicité, par le libertinage, par le parjure, par tous les vices? Et, si votre conscience est devenue muette, regardez vos maisons délabrées et vos étables en ruines, vos champs et vos jardins envahis par la ronce et l'ivraie, vos poches et vos bahuts vides, vos vêtements et votre linge en guenilles. Voilà les témoins que j'invoque contre vous. Regardez vos pauvres enfants que vous négligez si tristement. Ce sont encore des témoins qui parlent avec moi. Vous avez plus de sollicitude pour vos vaches, pour vos chèvres et pour vos porcs que vous n'en avez pour vos enfants; mais vos porcs, vos chèvres et vos vaches, vous les aimez moins que la débauche et le jeu, que la fainéantise et la boisson.

Pierre allait dire d'autres choses encore. Mais un effroyable tumulte éclata tout à coup dans la foule qui le poussa en bas de la borne sur laquelle il était monté, et l'empêcha d'ajouter une syllabe. Quelques-uns des assistants voulurent mettre la main sur lui; mais, arrachant à l'un d'eux un gros bâton ferré, il les tint vaillamment en respect. Cependant, les cris et les vociférations augmentaient toujours. Il y eut même des furieux qui se mirent à ramasser des pierres et des morceaux de brique pour les lancer à la face de l'orateur; mais Pierre ne se laissa pas intimider. Son bâton à la main, il traversa résolûment le plus épais de la multitude, et retourna à sa maison.

En ce moment, Lisbeth, les yeux tout rouges de larmes et le visage aussi pâle qu'une morte, accourut et lui dit:

— Pierre, que je bénis Dieu de t'avoir tiré sain et sauf d'un si grand danger!

Son émotion ne lui permit pas d'ajouter un seul mot. Mais Pierre se hâta de la rassurer, et lui serra la main avec attendrissement.

CHAPITRE V.

Comment Pierre fut persécuté par ses ennemis et ce qu'il fit contre eux.

Depuis le jour où il avait fait luire la vérité aux yeux de la commune, Pierre n'eut plus que chagrins et déboires. C'était surtout pendant la nuit qu'on s'obstinait à le vexer. Tantôt, on venait dans l'obscurité casser à coups de pierres les carreaux de ses fenêtres; tantôt, on venait détruire les jeunes arbres fruitiers qu'il avait plantés dans son jardin; tantôt encore, on venait arracher les légumes qui croissaient dans son potager.

Un jour, fatigué de ces vexations continuelles, il prit le parti d'aller porter plainte aux conseillers de la commune. Mais ils l'accueillirent avec dédain, et lui dirent en le raillant :

— Parbleu ! tu aurais bien mérité autre chose, si nous avions voulu agir à ton égard selon toute la rigueur des lois. Sors d'ici, calomniateur, et qu'on ne te revoie plus.

Pierre leur répondit :

— Fort bien, messieurs. Si vous ne voulez pas me protéger, selon votre devoir, contre les attaques dont je suis l'objet, faites donc savoir à la commune que je saurai me défendre moi-même, et qu'on ait à se garder de m'apporter quelque dommage, si l'on ne veut en encourir les suites.

Les ennemis de Pierre continuèrent donc à le tourmenter; mais, plus d'une fois, ils le firent à leur grand détriment et à leur grand effroi. Car, un soir, comme il se trouvait au moulin, et qu'on savait qu'il y était, quelques-uns se glissèrent dans son jardin pour le

dévaster. Soudain, deux coups de fusil partirent comme d'eux-
mêmes des fenêtres de sa maison. A ce bruit, ils se sauvèrent pris
d'épouvante et croyant qu'il avait laissé au diable le soin de garder sa demeure. Mais, pendant qu'ils cherchaient à s'échapper
à travers la haie, Pierre, qui était accouru du moulin, en sai-
sit un au collet, et lui dit d'une voix de tonnerre :

— Pourquoi forces-tu ma clôture comme un voleur ?

Néanmoins, il ne lui fit aucun mal, et il le laissa partir après
l'avoir seulement un peu secoué.

Une autre nuit, quelques vauriens, échauffés par la boisson,
résolurent de nouveau de pénétrer dans son jardin. Mais, à peine
eurent-ils sauté par-dessus la haie, qu'on les entendit crier d'une
façon lamentable ; car ils s'étaient enferrés dans des chausse-
trape, et ils avaient les pieds tellement blessés, qu'ils n'eurent
presque pas la force de repasser la clôture.

Ces mésaventures et d'autres répandirent une grande crainte
dans le village, et personne n'osa plus se hasarder la nuit dans le
voisinage de la maison de Pierre.

Cependant, il ne cessait de se montrer affable envers tout le
monde. Il donnait à l'un de bons conseils, et, dans l'occasion,
quelques pièces d'argent à l'autre. Mais l'état misérable de la commune le préoccupait constamment. Aussi, un matin, il alla trouver le curé de la paroisse pour le consulter à ce sujet.

— Mon fils, lui dit le vieillard, je suis le pasteur de cette commune ; mais il s'y trouve plus de loups que de brebis. Pendant des
années entières, je n'ai épargné ni peines ni efforts pour ramener
dans le chemin de la vertu ces ames égarées. Hélas ! tous mes travaux restent stériles, et chaque jour on s'éloigne davantage du
vrai sentier. Mes exhortations, mes conseils, mes prières, on les
jette au vent, et l'on n'écoute plus les commandements de Dieu.
Toutefois, le Ciel m'en est témoin, je ne perds ni l'espoir ni le
courage ; car le jour de la vérité et de la lumière doit venir.

— Dieu fasse que bientôt ce jour vienne ! répondit Pierre. Mais n'en douterait-on pas en voyant la commune s'appauvrir chaque jour davantage et courir chaque jour plus rapidement à sa ruine ?

— Mon fils , répliqua le curé , doutez de tout ; mais ne doutez jamais de la puissance et de la miséricorde de Dieu. Je suis vieux , et j'ai vu beaucoup de choses dans le cours de ma vie. Souvent Dieu sème l'ivraie et les herbes folles pour en tirer de bons fruits. C'est là le secret de sa puissance souveraine,, et l'esprit de l'homme doit s'incliner devant elle.

— Le mal que nous déplorons ici, continua Pierre, provient surtout de l'ignorance et du défaut d'instruction. Les gens sont ignorants , et , à cause de cela , ils se perdent ; car ils ne savent pas comment diriger leurs affaires, ni comment se tirer d'embarras dans les cas un peu difficiles. On les voit s'habituer par degrés à l'idée de leur ruine. Les enfants , misérablement négligés , ne peuvent pas devenir meilleurs, parce qu'ils ont journellement sous les yeux tous les exemples du mal.

— C'est la pure vérité , repartit le curé. Tout périt, quand on ouvre la porte du cœur toute large au vice, et qu'on la ferme obstinément à la vertu et à la crainte de Dieu.

Le vénérable vieillard et Pierre s'entretinrent longtemps encore des moyens propres à ramener la population à de meilleurs sentiments. L'un mit en avant les idées généreuses de son ame juvénile. L'autre apporta dans la discussion sa longue expérience et sa sagesse paternelle. Lorsqu'ils se séparèrent , ils se serrèrent cordialement la main , et Pierre rentra chez lui , animé d'un nouvel espoir.

CHAPITRE VI.

Le nouveau maître d'école.

Le soleil commençait à décliner, quand Pierre, selon son habitude, se dirigea vers le moulin. Chemin faisant, il passa devant la maison de maître Jacques qui tenait le cabaret du *Lion d'or*, et qui était à la fois un des plus riches propriétaires de la commune et un des membres les plus influents du conseil. Maître Jacques se tenait pyramidalement planté sur le seuil de sa porte, sa casquette de drap sur l'oreille, les bras croisés sur sa poitrine, et tournant les yeux à droite et à gauche d'un air impérieux et mécontent.

— Bonsoir, maître Jacques, lui dit Pierre. Nous prenons notre repos ; car le jour est près de finir.

Maître Jacques se donna un air important, et, sans regarder son interlocuteur, il lui répondit en faisant un léger signe de tête :

— Maître Pierre, vous vous trompez. Le soir ne vient pas de si bonne heure pour moi ; car je continue à gagner ma journée en gardant ma porte et en chassant les misérables mendiants qui ne cessent d'assiéger ma maison.

En entendant un langage si peu chrétien sortir de la bouche d'un des conseillers de la commune, appelé à servir de père aux pauvres, aux veuves et aux orphelins, Pierre sentit un frisson lui parcourir les membres des pieds à la tête, et il hâta le pas pour s'éloigner au plus vite. Il resta sous cette impression pénible, bien que le calme et la sérénité rentrassent dans son esprit chaque fois qu'après quelque contrariété, il revoyait le seuil de la maison de Lisbeth. En approchant de cette calme et sereine demeure, il se trouva tout à coup en présence de la jeune fille qui était assise sur le pas de la porte sous les branches d'un jeune cerisier, et qui cousait des chemises neuves. Lisbeth l'accueillit avec un sourire charmant, et lui tendit la main qu'il serra avec effusion. Mais, fixant avec inquiétude ses grands yeux sur les yeux du jeune homme :

— Pierre, qu'as-tu donc ? lui demanda-t-elle. Tu es si pâle aujourd'hui ! De quoi donc souffres-tu ? Et qu'est-ce qui te préoccupe de la sorte ?

— Enfant ! répondit Pierre. Dieu m'en est témoin, je suis heureux, et nulle part au monde, je ne pourrais l'être plus qu'auprès de toi ; car tu as un cœur d'ange. Mais je me désole à cause de ces hommes. Hélas ! j'en connais tant, et la plupart d'entre eux sont foncièrement vicieux. Vois seulement la misère qui règne parmi les gens de notre pauvre Valdor. Cependant, il faudrait si peu de chose pour les sauver. Que Dieu ait pitié d'eux ! On les transforme en un troupeau de bétail sans raison, et les riches, dans leur égoïsme, ne s'en inquiètent en aucune manière. Les chefs de notre commune n'occupent leurs fonctions que pour satisfaire leur orgueil, pour exercer l'autorité et pour en tirer toute sorte d'avantages. Ils trompent les orphelins, dépouillent les veuves, et n'ont ni charité, ni conscience. Aussi, tout va de mal en pis ; la détresse de la plupart des ménages augmente chaque jour, et personne ne cherche à y porter remède. Nos conseillers, — que le bon Dieu nous écoute ! — nos conseillers n'ont qu'un but égoïste, celui de la vanité satisfaite. Aucun de ces messieurs ne songe à se faire un devoir et une mission du salut du pauvre peuple. Ils ne songent qu'à enrichir leurs familles, qu'à faire les affaires de leurs fils et de leurs gendres. Chez eux, une main lave l'autre, et les loups ne s'entre-dévorent pas. En attendant, le village s'appauvrit de plus en plus, et ces messieurs n'en prennent pas le moindre souci ; au contraire, ils ont assez peu de pudeur pour se faire louer à cause de leur sagesse et de leur grande générosité.

— Mais pourquoi, mon ami, te désoler de tout cela ? lui demande Lisbeth. Il est dans le ciel un Dieu qui jugera un jour ceux qui méprisent leur devoir. Tu es innocent de toute la misère du peuple : pourquoi donc t'en affliger tant ?

— O ma Lisbeth ! tu as l'ame trop bonne et trop pure pour comprendre toute la méchanceté des hommes. Pour moi, qui ai malheureusement appris à les connaître, je me sens navré à la vue de tant de pauvres gens que l'on pousse à leur ruine et à leur perte. Quand la misère les a conduits au désespoir, et le désespoir au crime, la justice humaine leur ouvre ses prisons ou les livre à la mort, comme s'il ne valait pas mille fois mieux prévenir le mal que de le réprimer. Tout ce que je vois autour de moi révolte mon cœur. La plupart des hommes du village, la misère ne les a-t-elle pas transformés en de véritables brutes, tant ils sont grossiers, repoussants, impolis, malpropres, insensibles à tout, même à leur propre dégradation ? Ne sont-ils pas devenus pires que des brutes ? car il n'y a partout que querelles, batailles, calomnies, paresse, vol et méchanceté. Et sont-ils bons encore à quelque chose, si ce n'est à faire lie chère et à se livrer à la boisson ?

— Aussi, répliqua Lisbeth, trouvent-ils parfois dans ces excès mêmes le châtiment qu'ils méritent. Témoin notre maître d'école qui, s'étant enivré hier au *Lion d'Or* et retournant le soir chez lui, est tombé dans l'étang et s'est noyé. On l'en a retiré ce matin. Heureusement, il ne laisse ni femme ni enfants.

Pierre parut éprouver un grand trouble en entendant cette nouvelle. Que se passait-il en lui ? Nul n'eût pu le deviner, pas même Lisbeth, si habituée pourtant à lire au fond du cœur du jeune homme, et à y saisir ses pensées les plus secrètes. Elle eut beau le presser de questions : il n'y répondit que d'une manière évasive. Toute la soirée, il parut plongé dans une préoccupation profonde, et plus d'une fois il se passa la main sur le front, comme pour chasser une idée qui l'obsédait. Enfin, il se retira de meilleure heure que de coutume. Quand il fut parti, la jeune fille ne cessa de se demander quel motif pouvait l'avoir troublé de la sorte. Ce ne fut que le dimanche suivant qu'elle apprit le mot de cette énigme étrange.

Ce jour-là , en effet , toute la commune fut convoquée au sortir de la grand'messe. Il s'agissait de procéder à la nomination d'un nouveau maître d'école. Pierre alla au lieu du rendez-vous. Lisbeth se tenait à quelque distance avec les femmes et les jeunes filles du village. Elle était en proie à une grande anxiété ; car elle craignait que Pierre ne prît de nouveau la parole et ne dît des choses qui pussent déplaire aux gens. C'est pourquoi elle avait prié son père de se tenir auprès de lui, et de s'efforcer de le calmer, si c'était nécessaire. Aussi la foule remarqua-t-elle que le meunier ne quittait pas les côtés de son jeune ami.

Le président du conseil, maître Jacques, fit connaître à l'assemblée le motif de la convocation.

— Mes amis , dit-il aux villageois rassemblés , vous savez que l'emploi de maître d'école est devenu vacant; il s'agit donc de pourvoir au remplacement du mort, dont Dieu ait l'ame. Or , comme cette fonction est faiblement rémunérée et très-difficile à remplir , je m'estime heureux de pouvoir proposer au choix de la commune un très-brave homme qui consent à se sacrifier au bien public et à accepter la place pour un traitement annuel de cinquante francs. Cet homme est le tailleur Séverin, dont l'état ne va plus. Je puis répondre de lui en toute conscience ; car nous sommes quelque peu parents du côté de ma mère.

Quand maître Jacques eut fini , il se fit un profond silence dans l'auditoire, et chacun sembla peser dans son esprit les raisons qui pouvaient militer pour ou contre le candidat proposé. Mais, en ce moment , le deuxième échevin , l'hôte du *Tigre vert* , prit la parole et soutint la candidature de son cousin , pauvre ménétrier, paralysé des deux jambes.

— Voilà , dit-il , l'homme à qui il faut donner vos suffrages. Personne plus que lui n'a contribué à vous amuser , vous le savez tous. Puis, d'ailleurs, il acceptera la place pour un traitement de quarante francs par an, en considération de l'état fâcheux de nos finances.

Le tailleur Séverin, voyant que la plupart des voix allaient se porter sur le ménétrier, entra dans une grande colère. Il commença par lui lancer une bordée d'injures, et conclut en déclarant qu'il se contenterait d'un traitement de trente-cinq francs. Son concurrent parut un instant foudroyé. Mais il s'enflamma à son tour, répondit par une autre bordée d'injures à celle qu'il venait d'essuyer, et annonça qu'il prendrait l'école pour trente francs par an.

— A ce prix, je n'en veux pas ! s'écria le tailleur qui écumait de rage.

— Ainsi donc, nous en sommes à trente francs, interrompit à haute voix l'hôte du *Tigre vert.*

Comme il ne se présentait plus personne qui prétendît à la place si vivement disputée, — car il n'y avait pas un homme respectable qui eût voulu d'une position méprisée de tout le monde, et recherchée seulement par ceux qui n'avaient pas d'autres ressources, — la commune allait se prononcer en faveur du ménétrier et le mettre à même de gagner un petit salaire accessoire ; car à peine si le pauvre diable savait lire et écrire.

En ce moment, Pierre se fit jour à travers la foule et s'avança au milieu du cercle. En rougissant et en pâlissant tour à tour, il prit la parole.

— Mes chers concitoyens, dit-il, au porcher et au vacher qui conduisent vos troupeaux et vos porcs au pâturage, vous donnez un meilleur salaire qu'au maître d'école à qui vous remettez le soin d'instruire vos fils et vos filles, et de les élever dans la crainte de Dieu et dans l'amour de la vertu. Cependant, vos enfants valent mieux que vos vaches et vos porcs ; car ils sont des êtres créés à l'image de Dieu. N'avez-vous pas honte d'agir comme vous faites ? Quant à moi, j'en rougis pour vous tous. Je sais bien que la caisse de la commune est toujours vide quand il s'agit de pourvoir à des choses utiles, et de pauvres gens qui ont à peine du pain et des pommes de terre à manger, ne peuvent pas payer l'instruction de leurs enfants. Voici donc ce que je vous propose. Je me charge de remplir les fonctions d'instituteur sans exiger aucun traitement. Je vous le répète, je me charge de tenir l'école sans qu'il en coûte un sou à la commune ni aux familles.

Ces paroles excitèrent une stupéfaction générale. Vous eussiez vu les gens, tour à tour, s'entre-regarder avec étonnement et fixer des yeux ébahis sur celui qui venait de parler de la sorte et aussi bien. C'était un véritable coup de théâtre, auquel personne ne s'attendait. Cependant, quelques-uns ne voulurent pas de Pierre, et ils disaient qu'il pourrait bien peut-être vendre au diable les pauvres ames de leurs enfants. Mais la plupart songèrent que personne ne consentirait à prendre la place d'instituteur pour rien, et ils se mirent à crier de toutes leurs forces :

— Oui ! oui! que Pierre soit notre instituteur !

On procéda, au milieu du plus grand tumulte, à recueillir les votes, et Pierre fut proclamé instituteur de la commune.

Quand Lisbeth entendit le résultat du scrutin, elle eût voulu s'abîmer sous terre, tant étaient grandes la honte et la confusion qu'elle en éprouva. Car, outre le garde champêtre et le porcher du village, personne n'était aussi méprisé que le maître d'école. Aussi, courut-elle toute hors d'elle-même au moulin, comme si le plus grand malheur et la plus grande humiliation lui fussent arrivés. De son côté, l'honnête meunier secoua la tête avec dépit, et se dit :

— Je crois en vérité que Pierre a perdu la raison.

Cependant, Pierre resta ferme dans sa résolution. Sa nomination fut soumise par le conseil communal à l'approbation de l'autorité supérieure, et, bientôt après, il fut appelé en ville pour subir un examen préalable. Comme il était fort instruit, qu'il avait une belle écriture, et qu'il savait parfaitement les mathématiques, il fut confirmé dans ses fonctions, et prêta le serment exigé par la loi.

CHAPITRE VII.

Comment Pierre prend la direction de l'école.

— Lisbeth, ma chère Lisbeth, ne m'afflige pas ainsi par ton
mécontentement et par cet air découragé, dit Pierre à la fille du
meunier. Regarde donc'; les vieux sont corrompus, et l'on ne peut
guère songer à les corriger. Peut-être pourra-t-on parvenir à
remettre le village en honneur et en considération en donnant une
bonne éducation aux enfants. Il n'y a pas d'autre moyen, selon
moi. Un maître d'école n'occupe, à la vérité, qu'un rang modeste et
peu considéré. Mais combien notre Seigneur et Sauveur ne s'est-il
pas humilié pour amender les hommes, pour les instruire et leur
assurer le ciel? Si nous avions une administration sage et éclairée,
dont les membres s'occupassent moins de leurs intérêts personnels
que des intérêts de tous, — elle aurait plus de sollicitude et de
considération pour ces humbles et laborieux défricheurs d'ames
et d'esprits qu'on appelle instituteurs. Malheureusement, il n'en
est point ainsi dans ce monde. Chacun a les yeux tournés en haut
sans s'inquiéter de ce qu'il a au-dessous de soi. C'est pour cela
que l'équilibre se rompt si souvent, toutes les forces se portant
en haut, et le bas n'ayant plus de contre-poids à y opposer. C'est
pour cela que tant de trônes ont les pieds si fragiles...

— Ah ! Pierre, mon ami, interrompit Lisbeth, tu ne sais pas
combien tu as eu tort !

Seulement, elle n'ajouta pas en quoi ce tort consistait.

Cependant, le jour vint où Pierre fit l'ouverture de son école.
Dès le matin, il se plaça à la porte de la salle pour y recevoir ses
élèves. A ceux qui avaient les souliers ou les sabots couverts de boue,

il enjoignait de les essuyer avec un peu de paille , de crainte qu'ils
ne salissent le plancher fraîchement nettoyé du local. A mesure
que les enfants se présentaient, il leur tendait amicalement la main.
A ceux qui avaient les mains ou le visage malpropres, il ordonnait
d'aller se laver à la pompe voisine avant d'entrer. Ceux qui
venaient sans s'être peigné les cheveux, il les renvoyait chez eux
pour aller se livrer d'abord à ce soin de propreté. Enfin, ceux
qui arrivaient lavés et peignés convenablement, il les encourageait
par quelques mots d'éloge.

Les petits garçons et les petites filles s'étonnèrent de tout cela.
Les uns se sentirent confus, les autres se prirent à rire; d'autres
encore se mirent à pleurer. Jamais ils n'avaient rien vu de semblable.

Le lendemain et le surlendemain, Pierre fit comme il avait fait le
premier jour, et il continua de faire de même jusqu'à ce que les
enfants eussent pris l'habitude d'arriver à l'école proprement lavés
et peignés, ainsi qu'il désirait qu'ils le fussent.

A la vérité, beaucoup de gens dans le village se plaignaient
d'avoir à donner ces soins à leurs enfants. Mais ils eurent beau se
plaindre ; ils n'avaient rien à dire à l'école, et il fallait bien qu'ils
fissent ce que Pierre exigeait.

Pierre ne se contenta pas d'avoir obtenu ce premier résultat. Après avoir, pendant deux ou trois mois, habitué les enfants
à la propreté du corps, il fit attention aussi à la propreté des
vêtements. Il ne souffrait pas qu'ils fussent souillés de poussière ou
de boue, même quand ils étaient vieux et rapiécés, ce qui n'était
pas la faute des pauvres petits. L'élève qui pendant toute une
semaine avait été le plus propre, à l'école, à l'église , dans les
rues, dans les champs, il le récompensait en lui donnant, le
dimanche suivant, une image ou une feuille de beau papier à lettre.
Si l'élève continuait à mériter une distinction, Pierre l'emmenait
le dimanche à la promenade, ou, quand le temps était mauvais ,
lui montrait de grands livres pleins d'images, au sujet desquelles
il lui racontait une foule de belles histoires.

Pierre était réellement fait pour se concilier l'estime de tout le monde. Il ne jurait ni ne blasphémait de sa vie. Il était obligeant et toujours prêt à rendre service. Indulgent envers les autres, rigide envers lui-même, il savait faire la part de toutes les faiblesses et sympathiser avec tous les nobles sentiments. Il n'était donc pas étonnant que les enfants eussent bientôt conçu pour lui l'estime la plus affectueuse, et fini par l'aimer mieux que leurs propres parents. Il fallait voir avec quel respect ils lui adressaient la parole, avec quelle amitié ils couraient à lui quand ils le rencontraient, avec quel empressement ils cherchaient à lire dans ses yeux tous ses désirs, avec quelle joie ils obéissaient au moindre mot qu'il leur disait, au moindre signe qu'il leur faisait de la main ou du regard.

Tout cela parut inexplicable aux gens de Valdor, et ils eurent d'autant plus de peine à se rendre compte de l'ascendant extraordinaire que Pierre exerçait sur leurs enfants, qu'on ne le voyait jamais employer ni verge ni baguette. Beaucoup en conçurent une certaine inquiétude et interprétèrent le fait par l'exercice de la magie. Il y eut même un certain nombre de vieilles femmes qui dirent tout haut qu'il y avait manifestement quelque anguille sous roche, et que, pour elles, elle se garderaient bien de laisser leurs enfants chez le maître d'école. Mais, heureusement, personne ne songea à retirer les siens.

A tous ces propos, Pierre disait :

— La pureté du cœur est la santé de l'ame, de même que la propreté du corps est la santé du corps. Les animaux peuvent se vautrer dans la boue; mais l'homme, créé à l'image de Dieu, doit pouvoir élever son front pur vers le ciel pur. Toute éducation doit commencer par faire comprendre aux enfants qu'ils sont hommes, et qu'ils valent beaucoup mieux que les animaux. Quand ils sont pénétrés de cette vérité, on peut faire d'eux tout ce qu'on veut, tandis que les animaux restent ce qu'ils sont, c'est-à-dire des êtres inférieurs dans l'ordre de la création.

Pierre ajoutait encore :

— Un instituteur qui ne sait pas diriger le cœur des enfants par la douceur et se concilier leur affection, celui-là ne comprend pas son métier. Mieux vaudrait pour lui prendre la bêche et se mettre à défricher une bruyère que de s'occuper stérilement à mettre en culture de jeunes intelligences auxquelles il ne fera jamais porter de bons fruits.

CHAPITRE VIII.

Ce qui se passe dans l'école.

Parmi les propos qui se répandirent dans le village au sujet de l'école, il en était un surtout qui trouva créance dans un grand nombre de familles. On disait que Pierre pervertissait les enfants, qu'il leur enseignait une religion nouvelle, et qu'ils ne pouvaient rien apprendre de bon chez lui ; car c'était une chose inouïe que l'empressement qu'ils mettaient à se rendre à l'école dès le matin, même ceux qui, en raison de leur jeune âge, devaient manifester le plus de répugnance à y aller. Or, cela paraissait tout à fait contre nature. On ajoutait que, durant toute la journée, l'école était aussi silencieuse qu'une église, tandis que naguère il en sortait un vacarme et un bruit de voix qui étourdissait les passants. Enfin on assurait que Pierre avait introduit dans les prières d'effroyables innovations, et qu'il commençait à initier les enfants à la magie en leur enseignant à tracer sur la planche noire des signes bizarres et mystérieux.

Ces bruits et d'autres préoccupaient le conseil aussi vivement qu'une partie des parents, non parce qu'il s'inquiétait beaucoup de l'enseignement, mais parce qu'il était content de trouver une occasion de se venger de Pierre. Aussi s'empressa-t-il de saisir cette occasion et d'adresser à l'administration supérieure un rapport circonstancié sur tout ce qui se passait à l'école ou, pour parler plus exactement, sur tout ce qui se disait au dehors.

Un matin l'inspecteur de l'enseignement primaire se présenta à l'école au moment où la classe allait commencer ; et, sans faire connaître à Pierre le motif de sa visite, il le pria de donner successivement ses leçons comme il avait coutume de faire.

A mesure que les enfants arrivaient, l'inspecteur remarqua que
même les plus pauvres et ceux qui étaient le moins bien vêtus
étaient cependant d'une propreté et d'une décence agréables à
voir. Il les vit les uns après les autres s'approcher du maître et lui
souhaiter le bonjour, puis s'asseoir en silence à leur place et poser
les deux mains sur leur pupitre. Ils étaient au nombre de soixante-
cinq. Les garçons étaient assis d'un côté de la salle, et les filles
de l'autre, tous dominés par l'œil de l'instituteur qui se tenait
debout sur une estrade.

Quand tous se trouvèrent réunis, Pierre leur fit un signe, et ils
joignirent les mains.

— Mes enfants, leur dit-il, remercions le bon Dieu de la grâce
qu'il nous a faite en nous conservant cette nuit et demandons-lui
la force d'employer cette journée à sa glorification et à l'acomplis-
sement de tous nos devoirs.

Puis, à son exemple, tous les enfants firent le signe de la croix,
et, inclinant respectueusement la tête, répétèrent ensemble une
onctueuse prière qu'il leur récita à demi-voix.

La prière achevée, il distribua à chacune des quatre divisions
de l'école les livres, les cahiers, les plumes, les ardoises et les
autres objets nécessaires pour les divers exercices auxquels ils
allaient se livrer. Ceux-ci étaient si sagement combinés, qu'il ne
donnait jamais une leçon à haute voix à deux classes à la fois. Il ne
s'adressait jamais qu'à une seule d'entre elles, laissant les trois
autres s'occuper silencieusement d'une tâche prescrite d'avance,
soit de l'écriture, soit du calcul, soit de la formation de petites
propositions ou de la rédaction de lettres. Le programme de son
enseignement était établi de manière à former moins ses élèves
pour l'école que pour la pratique du monde. Pour les exercices de
calcul, qu'il faisait faire mentalement et par écrit, et d'où il avait
soin de bannir toutes ces formules matérielles qui endorment
plutôt l'intelligence qu'elles ne la développent, il cherchait constamment à composer ses problèmes de façon qu'ils offrissent quelque analogie avec ceux qui se présentent dans la vie usuelle.
La langue maternelle, il la considérait comme la clé de toutes les

idées, et il s'appliquait particulièrement à rompre ses élèves à
l'expression orale et à l'expression écrite. Il employait à cet effet
une méthode assez ingénieuse pour être rapportée ici. Il avait résumé l'histoire universelle, et particulièrement l'histoire du pays,
dans une série chronologique de quarante ou quarante-cinq biographies d'hommes illustres. Chaque semaine, il racontait en termes
simples et clairs aux élèves de la classe la plus avancée une de ces
biographies, où il faisait ressortir les qualités et les fautes par
lesquelles s'étaient signalés les hommes dont il disait la vie. Puis
il faisait répéter son récit alternativement par trois ou quatre
enfants désignés au hasard, et il les reprenait quand ils altéraient
un détail ou qu'ils employaient une expression impropre ou une
construction vicieuse. Ensuite, ils devaient tous mettre par écrit
pour le lendemain cette biographie ainsi racontée. De cette manière, il obtenait plusieurs résultats presque en même temps. Il
excitait l'attention et l'intérêt de ses élèves. Il exerçait leur mémoire.
Il formait en eux le sentiment moral et le jugement par les déduc-
tions qu'il leur faisait tirer par eux-mêmes de ses récits. Enfin, il les
habituait à s'exprimer purement et clairement de vive voix et par
écrit. C'est ce qu'il appelait faire d'une pierre quatre coups.

Il appliquait à l'enseignement de plusieurs autres branches des
procédés non moins ingénieux. C'est pourquoi il avait formulé,
par ordre de matières, des groupes de problèmes d'arithmétique,
qui servaient à propager toutes sortes de notions utiles sur l'économie rurale et forestière. Ainsi, par exemple, il en proposait souvent, l'un après l'autre, trois ou quatre, dont les données seules
différaient et qui avaient rapport à autant d'opérations à peu près
analogues, et relatives soit à l'agriculture, soit à la culture forestière ou maraîchère, soit à l'art d'élever les bestiaux. Ensuite, après
avoir fait établir les résultats de chacun de ces trois ou quatre
problèmes, il montrait clairement, en comparant ces résultats
entre eux, quelle essence d'arbres forestiers ou fruitiers il est
plus avantageux de cultiver, quelle rotation il faut adopter dans
les assolements, quel genre de bétail ou d'animaux de basse-
cour il faut s'appliquer de préférence à élever.

Il attachait une haute importance à rendre l'enseignement aussi
intuitif que possible. Aussi, il avait garni une partie des parois de

la classe d'un grand nombre d'images coloriées qui représentaient toute sorte d'animaux, d'arbres, de fruits et de fleurs, ou des instruments propres aux différentes professions. Chacune de ces images, parmi lesquelles on en voyait où les plantes vénéneuses, propres au pays, étaient représentées dans leurs proportions naturelles, afin que les enfants apprissent à les connaître pour s'en garder, devenait le thème fécond et varié d'une leçon de choses utiles.

A côté de ces gravures étaient accrochées plusieurs cartes géographiques, à commencer par celle de la commune et par celle du canton, jusqu'à la carte des deux hémisphères, en passant par celle de la province, par celle du royaume, par celle de l'Europe et des quatre autres parties de la terre.

Chaque semaine, il consacrait une heure à donner aux élèves les plus avancés une série de notions des sciences applicables aux usages de la vie. Cet enseignement, qui n'était ni trop élevé, ni trop scientifique, et qui se bornait aux notions les plus usuelles sur la physique, la chimie et les machines, servait à prémunir les enfants contre des préjugés souvent funestes ou contre des dangers souvent plus funestes encore, à leur expliquer les grands phénomènes de la nature, et à leur faire admirer, dans l'œuvre immense de la création, la bonté et la toute-puissance de Dieu.

Enfin, il considérait comme une des branches les plus utiles de l'enseignement le dessin linéaire appliqué aux différentes professions manuelles. Et il se proposait de compléter plus tard son programme, en y rattachant les éléments de la géométrie pratique et en enseignant à ses élèves les plus avancés l'arpentage et l'art d'opérer des nivellements et de lever des plans.

CHAPITRE IX.

L'école et le moulin.

Tel était l'ensemble de l'enseignement que Pierre donnait à ses élèves. Chaque jour amenait quelque chose de nouveau pour eux. Aussi reçut-il des félicitations de l'inspecteur qui le signala à l'administration supérieure comme l'instituteur le plus capable et le plus zélé qu'il y eût dans la province. C'est ce que ne pouvaient comprendre les gens de Valdor, qui ne cessaient de se dire entre eux :

— Pierre a beau faire. Il croit s'entendre mieux à tenir une école que les anciens instituteurs que nous avons eus lorsque nous étions jeunes. Il n'est qu'un très-habile faiseur, et il a séduit par son charlatanisme l'inspecteur lui-même. Ce qu'il y a de plus clair, c'est qu'il ne marche pas dans le droit chemin.

L'école de Valdor avait toujours chômé pendant les mois d'été. C'était un ancien usage; car les parents avaient coutume d'emmener aux champs les enfants les plus avancés en âge ou de les laisser à la maison pour surveiller ceux qui étaient plus jeunes. Mais Pierre s'offrit à surveiller ceux-ci lui-même et à les prendre chez lui durant l'été. Il les instruisait pendant quelques heures, et les occupait à toute sorte de jeux dans son jardin ou dans la cour de sa maison. Les autres enfants, voyant cela, vinrent le prier avec instance de leur donner quelques leçons le soir après qu'ils étaient revenus des champs. Il loua le désir qu'ils avaient de s'instruire, et consentit avec empressement à ce qu'ils demandaient. Il se prêta même à les admettre, le dimanche et les jours de fête, pendant une heure ou deux à son école, et continua de cette manière leur instruction. Ces jours-là, quand le beau temps le permettait et que les heures de classe étaient finies, il conduisait ses élèves à la promenade dans les champs ou dans les bois ; il leur montrait les plantes vénéneuses, et leur expliquait toutes les conséquences funestes qui peuvent résulter de l'usage de ces végétaux ; il les entretenait de la vie et des mœurs des animaux sauvages ou domestiques, de la nature des sources, de la formation des fleuves et de l'étendue des mers, de la constitution physique des montagnes et des grottes, des différentes divisions du globe et du caractère des diverses races humaines qui l'habitent, du système des astres et de la distance où chacun d'eux se trouve de la terre. Toutes ces choses, il les avait observées lui-même ou il les avait lues dans des livres.

Bientôt quelques jeunes gens du village, voyant les progrès que les enfants faisaient dans toute sorte de connaissances, résolurent de demander à Pierre la permission d'assister aux cours qu'il donnait le dimanche et les jours de fête. Il le leur permit d'autant plus volontiers qu'il déplorait plus amèrement leur profonde ignorance. Il leur enseignait ainsi un grand nombre de choses utiles ; et, après chaque leçon, il leur prescrivait un devoir, rédaction, écriture ou calcul, qu'ils devaient faire aux heures de loisir qui leur restaient pendant la semaine et qu'il corrigeait le dimanche suivant. De cette manière, il organisa peu à peu une véritable école dominicale. Chaque semaine lui amenait de nouveaux élèves. Ceux qui ne se conduisaient pas d'une manière convenable, qui hantaient les cabarets, qui jouaient aux cartes, qui juraient ou qui faisaient quelque autre mal, il les excluait impitoyablement de son école. Il était l'arbitre des différends qui s'élevaient parfois entre les jeunes gens dont il était entouré, bien qu'il tînt à être toujours regardé par eux comme leur égal.

Cependant, ceux qui assistaient aux leçons de Pierre devinrent peu à peu un objet de raillerie pour leurs camarades. Ceux-ci se plaisaient à les désigner par le sobriquet de maîtres d'école ou de savants, et on leur jouait toute sorte de tours.

Les membres du conseil de la commune se réjouissaient de voir diriger ces petites persécutions contre Pierre et contre ses amis ; car ils avaient peur qu'il ne visât à se créer un parti à l'aide

duquel il pût entrer dans le conseil en se faisant élire à la place
de l'un ou de l'autre d'entre eux. Aussi disaient-ils de lui tout le
mal imaginable et excitaient-ils en toute occasion les hommes et
surtout les femmes contre l'instituteur. Lui , de son côté, n'allait
que de loin en loin visiter l'une ou l'autre famille du village , dont
les enfants fréquentaient son école. En revanche, il allait à peu
près régulièrement tous les jours au moulin où il était toujours le
bien venu.

Un soir , comme il y entrait , il trouva les bonnes gens de la
maison entièrement bouleversés. Le vieux meunier était morne et
pensif. Sa femme , colère et de mauvaise humeur , allait de
chambre en chambre et fermait violemment les portes après elle.
Quant à Lisbeth , elle avait les yeux rouges à force d'avoir pleuré.

Aussitôt que Pierre se trouva seul avec Lisbeth , il lui dit :

— Quel malheur est donc arrivé ici , et quel mauvais esprit est
entré dans cette maison de paix ? Vous êtes tous changés, et je n'y
comprends rien. Réponds-moi , Lisbeth , qu'est-il arrivé ?

— Mon bon Pierre , que Dieu ait pitié de nous ! répliqua Lisbeth d'une voix tremblante d'émotion. Il faut que je t'ouvre mon
cœur et que je te dise tout. Pierre , je suis bien malheureuse...

A peine eut-elle proféré ces mots , que les sanglots lui coupè-
rent la voix , et elle ne put en dire davantage.

Après qu'elle se fut un peu calmée, elle reprit :

— Pierre , tu t'en souviens, voilà un an passé que tu me trouvas
un soir les yeux en larmes. Tu me demandas pourquoi je pleurais,
et je n'osai pas te le dire. Eh bien, ce jour-là maître Jacques du
Lion d'Or était venu auprès de mon père et de ma mère pour me
demander en mariage pour son fils qui a déjà, comme tu sais, un
moulin dans le village voisin. Mes parents n'avaient aucun motif
pour repousser cette demande ; car l'hôte du *Lion d'Or* est le plus
riche propriétaire de la commune ; et, comme chef de conseil, il

peut nous faire beaucoup de bien ou de tort. En outre , mon père ne veut pour gendre qu'un meunier. Mais j'objectai que j'étais trop jeune et que je voulais encore attendre une année. J'insistai , et ils ne purent rien obtenir de moi. Aujourd'hui, cette année est écoulée, et maître Jacques est revenu avec son fils pour renouveler sa demande. Ils ont dîné avec nous. Mes parents avaient déjà pris tous les arrangements nécessaires avec l'hôte du *Lion d'Or*, et les fiançailles devaient avoir lieu ce jour même. Mais j'ai déclaré que je ne veux pas me marier , et j'ai tenu bon; car le fils de Jacques est un homme aussi grossier que l'est son père. Maintenant, voici que la maison est pleine de trouble et de désolation.

Quand il eut entendu ces paroles , Pierre se sentit pris d'une vive inquiétude. Depuis longtemps, il s'était bercé de l'espoir qu'un jour Lisbeth deviendrait sa femme. Pendant quelques moments, il arpenta la chambre en silence et la tête baissée. Puis d'un pas rapide, il s'approcha de la jeune fille et lui dit :

— Lisbeth ! chère Lisbeth ! si tu es résolue à ne jamais prendre un époux , moi aussi je ne me marierai de la vie ; car je ne voudrais pas d'autre femme que toi. Je t'ai toujours aimée plus que moi-même, et je n'ai cessé d'espérer que je mériterais un jour ton affection.

En ce moment Lisbeth pencha la tête pour cacher les larmes qui roulaient dans ses yeux , et elle dit d'une voix tremblante d'émotion :

— Ah ! Pierre, Dieu m'en est témoin , mon affection, tu la possèdes tout entière. Mais mon père est riche ; il veut un gendre qui soit riche aussi , et il ne se départira point de cette résolution. Toi, tu n'es qu'un pauvre instituteur , et il s'en faut beaucoup que tu puisses nourrir une femme.

Alors Pierre prit la main de la bonne Lisbeth tout éplorée, et, serrant cette main dans les siennes, il s'écria :

— Maintenant, tu es ma fiancée et ma promise, et aucun pouvoir sur la terre ne sera assez fort pour te détacher de moi. Ne crains rien , douce et pieuse enfant : Dieu veillera sur nous deux.

Après qu'il eut dit ces mots, Pierre sortit de la chambre pour aller trouver le meunier et sa femme.

Lisbeth les entendit parler tous trois à haute voix et avec beaucoup de vivacité ; mais elle ne put comprendre ce qu'ils disaient. Elle resta pendant quelque temps toute tremblanté d'inquiétude , ne sachant à quoi se résoudre. Alors elle se laissa tomber à deux genoux devant la fenêtre , joignit les mains et se mit à prier avec effusion en élevant au ciel ses yeux baignés de larmes, tandis que les autres étaient occupés à discuter. Quand elle se sentit le cœur un peu soulagé par la prière , elle se releva , regarda dans la rue , et vit son père et sa mère qui sortaient du moulin et se dirigeaient vers le centre du village, accompagnés de Pierre.

A cette vue ses craintes et son inquiétude augmentèrent encore. Personne dans le moulin ne savait où les maîtres de la maison étaient allés avec Pierre. Ce que Lisbeth savait très-bien, c'est que Pierre était très-vif et prompt à s'emporter ; il pouvait donc avoir eu le malheur de manquer aux deux vieillards, et tous trois étaient allés chez le juge qui était précisément maître Jacques du *Lion d'Or*. Par conséquent , tout était perdu. Aussi , dans l'anxiété cruelle qui la tourmentait , Lisbeth eut de nouveau recours à Dieu, et elle pria avec ardeur pour Pierre et pour elle-même.

Vers dix heures du soir , elle entendit du bruit à la porte de la rue ; c'étaient son père et sa mère qui revenaient avec Pierre. Lorsqu'ils furent entrés, le meunier, s'adressant à sa fille :

— Lisbeth , lui demanda-t-il , tu aimes donc beaucoup Pierre ?

— O mon Dieu ! est-ce ma faute à moi ? répondit-elle. Vous l'aimiez tant aussi.

Alors le vieillard prit la main de Lisbeth et la mit dans celle de Pierre , et les deux parents bénirent leurs enfants. Lisbeth ne sut que penser de tout cela , et elle se crut le jouet d'un rêve.

CHAPITRE X.

Le mariage.

Lorsque , le dimanche suivant , le curé publia le premier ban
du mariage et fit connaître que Pierre, le maître d'école , et Lisbeth , la fille du meunier , étaient fiancés , les gens de Valdor
ouvrirent de grands yeux. Les femmes se mirent à chuchoter
entre elles , et l'hôte du *Lion d'or* sortit de l'église comme un
lion furieux , jurant qu'il n'aurait de repos avant d'avoir ruiné le
meunier parjure et toute sa famille , Pierre y compris , et de les
avoir fait chasser du village , jeter en prison et conduire à l'écha-
faud. Mais il eut beau jurer et se démener ; trois semaines après
ce dimanche, Pierre et Lisbeth célébrèrent joyeusement leurs
noces dans le moulin , en dépit du lion furieux.

Le soir, quand les jeunes époux eurent quitté le moulin et qu'ils
furent entrés dans la maison de Pierre , Lisbeth se jeta au cou de
son mari et lui dit :

— Mon Dieu ! que je suis heureuse ! A peine si je puis croire
que tout cela est une réalité. Il est vrai qu'on dit dans le monde
qu'il y a tant de mariages malheureux. Nous aussi, pourrions-nous
un jour cesser de nous aimer et désirer d'être séparés plutôt que
de rester unis pour toujours l'un à l'autre ?

— Non , chère Lisbeth , lui répondit Pierre , nous serons heureux ensemble aussi longtemps que nous vivrons. Mais, pour cela,
il faut que nous nous promettions trois choses , et tant que nous
tiendrons cette promesse , la concorde et la bénédiction de Dieu
seront avec nous. Dès ce jour tu vis pour moi et je vis pour toi ;
aussi jamais nous n'aurons le moindre secret l'un pour l'autre , et

même quand nous aurions commis quelque faute , il faut que nous nous l'avouions aussitôt. De cette manière, nous éviterons plus d'un faux pas et d'un malentendu qui pourrait nous causer bien des chagrins. Ensuite, nous ne permettrons à personne de s'ingérer dans notre ménage , pas même à ton père ni à ta mère ; nous empêcherons de la sorte que personne ne s'occupe de nos affaires et ne vienne s'interposer entre nous, et nous nous appartiendrons complétement l'un à l'autre, comme si nous étions seuls sur la terre. Enfin l'un ne se mettra jamais en colère contre l'autre ni ne le taquinera, fût-ce même par simple badinage ; car les badinages deviennent souvent des choses sérieuses, et l'on s'habitue aisément à ce que l'on fait de temps en temps.

C'est ainsi que parla Pierre , et tous deux se firent réciproquement cette triple promesse devant Dieu. Mais, en ce moment, un chœur , composé d'un grand nombre de voix , entonna devant la maison et dans le silence de la nuit, un chant doux et harmonieux. C'étaient les élèves de l'école , à qui Pierre avait enseigné la musique et qui venaient faire une agréable surprise à leur maître , en lui donnant une sérénade.

Le lendemain au matin , comme les jeunes époux venaient de se lever, ils virent un grand nombre d'hommes , de femmes et d'enfants accourir de toutes parts vers la maison, la regarder avec étonnement et se la montrer du doigt. Ne sachant pas ce que cela voulait dire, Pierre ouvrit avec curiosité la fenêtre, et vit que toute la façade de sa demeure était ornée de fleurs et de guirlandes de verdure. C'étaient ses élèves qui l'avaient ainsi décorée en silence et en secret pendant la nuit. Tous, jusqu'aux plus petits enfants, y avaient contribué en apportant des fleurs cueillies dans les jardins et dans les champs. Depuis que le village de Valdor existait au monde, on n'avait pas vu une chose semblable; et, lorsque Pierre rentra dans son école , le lendemain de ses noces, tous les enfants, les grands et les petits , les riches et les pauvres, lui apportèrent des bouquets de fleurs comme si c'eût été un jour de grande fête. Pierre et sa jeune femme se réjouirent au fond de l'ame de toutes ces démonstrations, qui trahissaient, du moins, de bons cœurs , pleins d'amour et de reconnaissance. Aussi ils embrassèrent les enfants et les régalèrent en leur distribuant d'excellents gâteaux.

Cependant, on se livrait, dans le village, à mille conjectures étranges sur le mariage dont on venait d'être témoin, et chacun avait son opinion à ce sujet. Car personne ne pouvait comprendre que cela eût pu se faire sans l'emploi de moyens tortueux et illégitimes, ni s'imaginer que le plus riche meunier du pays eût consenti à marier sa fille, son unique héritière, à un simple maître d'école. On disait que Lisbeth était digne, par sa beauté, par sa fortune, et surtout par les précieuses qualités de son cœur, d'être recherchée même par des messieurs fort considérables de la ville. Aussi chacun brûlait de savoir comment le meunier avait pu faire une semblable sottise. Mais il répondait par un sourire narquois à toutes les questions qu'on lui faisait à ce sujet, et personne ne put tirer de lui le moindre mot. De son côté, la meunière n'était pas moins assaillie de questions par ses curieuses commères, qui prenaient un malin plaisir à la railler au sujet du pauvre maître d'école et s'étonnaient qu'elle eût consenti à l'union de la vertueuse Lisbeth avec un pareil aventurier. La meunière, quoiqu'elle fût remplie de la crainte de Dieu, écoutait cependant quelque peu le démon de l'orgueil. Les commères le savaient. C'est pourquoi elles l'attaquèrent par son côté faible en la plaisantant sur son gendre, et elles réussirent à porter coup. En effet, leurs railleries la mirent un jour en colère ; et, dans un mouvement de vivacité, elle dit à l'hôtesse du cabaret du *Tigre vert :*

— Cessez, je vous prie, vos sots bavardages ; car vous ne savez rien du tout. Pierre possède assez d'argent pour acheter le *Tigre vert,* et le *Lion d'or* en sus. Il est plus riche qu'on ne croit. Je l'ai vu de mes propres yeux, ce qui s'appelle vu. Si je pouvais seulement parler, je vous ferais ouvrir de grandes oreilles, soyez-en bien certaine.

Mais, craignant d'en avoir déjà trop dit, la bonne femme s'arrêta tout à coup et parut contrariée d'avoir laissé échapper, dans un moment de colère, une partie du secret qu'elle voulait garder. Aussi l'hôtesse du *Tigre vert* n'en put-elle savoir davantage, et même on lui fit promettre de ne dire à personne ce qu'elle venait d'entendre.

Disposée à tenir sa promesse, l'hôtesse du *Tigre vert* ne

répéta ce qu'elle savait qu'à sa sœur et à son mari, après leur avoir toutefois fait promettre aussi qu'ils garderaient le secret pour eux seuls. Mais elle exagéra outre mesure ce que l'indiscrétion de la meunière lui avait appris. A l'en croire, la mère de Lisbeth avait vu de ses propres yeux dans la maison de Pierre d'énormes tas d'or et d'argent, si bien qu'il était assez riche pour acheter le village tout entier s'il le voulait. Elle ajouta qu'il se passait souvent, dans la demeure du maître d'école, des choses qui, si on pouvait les raconter, feraient dresser les cheveux sur la tête. A ces paroles, l'hôte du *Tigre vert* et sa belle-sœur sentirent en effet leurs cheveux se dresser, et ils ne purent s'empêcher de confier le secret à quelques-uns de leurs amis les plus intimes.

Et ici voyez combien était grande la crédulité superstitieuse de ces pauvres gens.

Peu de jours après, les gens de Valdor en surent beaucoup plus que la meunière n'en avait dit. On affirmait que Pierre avait conclu un pacte avec le démon et qu'il lui avait engagé son ame dans un écrit signé de son propre sang ; que pendant trente ans le diable devait faire tout ce que Pierre lui commanderait ; qu'à la fin de la trentième année, durant la sainte nuit de Noël, entre onze heures et minuit, le démon viendrait réclamer l'ame de Pierre et tordre le cou au malheureux de manière à lui placer le visage au-dessus du dos ; que le maître d'école possédait autant d'or qu'il en voulait ; qu'en outre, il avait le pouvoir d'évoquer les esprits, de trouver des trésors, de chasser les fièvres, de jeter des sorts aux vaches et de leur faire rendre du sang au lieu de lait, de conjurer le feu, de se rendre invulnérable, de traverser l'air sur un manche à balai, et de faire beaucoup d'autres choses encore ; enfin, qu'il avait appris tout cela dans des ouvrages dangereux, tels que le traité des conjurations du docteur Faust, la magie blanche d'Albert-le-Grand, et le livre du scel de Salomon.

Dès ce moment, les gens de Valdor eurent une peur extraordinaire du maître d'école. Aucun d'eux n'eût osé mettre le moindre caillou dans son chemin, tant on craignait la vengeance de Pierre et de ses alliés infernaux. Il n'y eut pas jusqu'à l'hôte furieux du

Lion d'or qui ne se gardât de songer à susciter le moindre embarras à lui ni au meunier. Même quelques gens faisaient en secret le
signe de la croix, lorsque par hasard ils rencontraient Pierre dans
un sentier écarté. Tout cela prouve que les hommes méchants
et impies sont toujours enclins à la superstition, et que le mauvais état de leur conscience leur fait redouter mille dangers
imaginaires. La vertu seule donne le contentement, la paix et
la sécurité, parce qu'elle ne craint rien, sinon de déplaire à
Dieu.

CHAPITRE XI.

Comment Lisbeth est en bonne réputation.

Au contraire, quand on rencontrait Lisbeth, fraîche et fleurie comme une rose, loin de faire le signe de la croix, chacun lui donnait le bonjour de la façon la plus amicale ; et quand elle était passée, on aimait à s'arrêter en silence et à la suivre des yeux. Ce n'était pas cependant qu'elle fût plus richement mise ou mieux parée que les femmes du village. Mais, qu'on la vît le dimanche ou un jour ouvrable, le matin ou le soir, elle était toujours mise avec une décence et ajustée avec un goût extrêmes. Elle travaillait à la chaleur du soleil, dans le champ ou dans le potager ; elle allait à l'étable soigner la vache et les porcs ; elle portait les légumes et les œufs au marché de la ville, et pourtant elle était toujours propre et soignée dans ses vêtements où jamais on n'eût remarqué la plus petite tache.

— Ma foi ! je suis tenté de croire qu'elle aussi s'entend un peu à la sorcellerie, dit un jour l'hôte du *Lion d'or* en aspirant une prise de tabac et en s'essuyant le nez avec la manche de sa veste.

— Vous avez raison, maître Jacques, répondit une vieille femme. Elle s'y entend à merveille. Lisbeth est si bonne, si vertueuse, qu'il n'est aucune d'entre nous qu'elle ne puisse ensorceler par sa grâce qui règne dans toute sa personne.

Deux jeunes filles, qui étaient amies de Lisbeth, vinrent la trouver et lui dirent :

— Voilà un an que tu es mariée, et tu es aussi propre, aussi gaie qu'une jeune fille. Toutes les femmes doivent te porter envie.

Chère Lisbeth, dis-nous donc comment tu t'y prends? Car dans le village, tu le sais, aussitôt qu'une femme entre en ménage, elle devient malpropre, perd sa gaîté, et semble toute malheureuse.

La jeune femme leur répondit :

— Je m'en vais vous le dire. Tout cela est la faute des femmes elles-mêmes. Avant d'être mariées, elles s'habillent avec soin, et tout l'argent qu'elles ont et qu'elles gagnent, elles le dépensent à faire des toilettes nouvelles. Alors elles sont propres et brillantes, à ce point que leur front luit au soleil et que leur chevelure est comme si elle était peinte. Mais plus tard, dans leur ménage, elles s'imaginent que la malpropreté est bienséante et qu'elle donne un air de femme active et courageuse au travail. Car il faut agir avec économie ; le mari a besoin d'argent, et l'on ne peut plus le dépenser à toute sorte d'objets de toilette. En attendant, les robes vieillissent, elles se salissent, elles s'usent ou se déchirent ; les raccommoder coûte beaucoup d'argent, et l'on n'a jamais voulu apprendre à faire la moindre reprise. De cette manière, on s'habitue à la malpropreté et aux guenilles. Bientôt on ne trouve plus dans son mari que de l'indifférence et même on devient pour lui un objet de dégoût. Mes bonnes amies, retenez bien ceci : la discorde a mis un pied dans le ménage où la femme commence à porter des bas troués.

— En vérité, tu as raison, Lisbeth, lui répondirent les jeunes filles.

— Lorsque je devins la femme de Pierre, reprit Lisbeth, je pris la résolution de me soigner plus encore qu'auparavant, et de ne jamais paraître devant lui, si ce n'est bien lavée, bien propre et sans qu'il y eût la moindre tache à mes vêtements. C'est pour cela que je veille avec le plus grand soin à mes effets ; c'est pour cela que mon étable, ma cuisine et ma cave doivent être aussi propres qu'une chambre. Aussitôt que je trouve quelque souillure à mes habillements, je me hâte de la faire disparaître. De cette manière, mes toilettes ont l'air d'être toujours neuves, et moi-même j'y parais toujours nouvelle aux yeux de mon mari.

— Mais, Lisbeth, objectèrent ses deux compagnes, les vêtements les mieux tenus finissent cependant par s'user. Or, comment s'en procurer de nouveaux, lorsque votre mari ne vous donne pas d'argent ?

— Cela est vrai, répliqua Lisbeth ; mais il me faut beaucoup moins d'argent qu'il n'en faut à d'autres pour acheter des vêtements. Car aussitôt que je remarque aux miens la moindre déchirure ou le moindre petit trou, je les raccommode moi-même à l'instant, de crainte que le trou ne s'agrandisse et que la déchirure ne s'étende. Cela ne me coûte qu'un peu de fil. D'autres portent leurs vêtements jusqu'à la fin sans jamais les réparer ; alors un petit trou devient un grand trou, une petite déchirure devient une grande déchirure, et finalement tout se trouve en lambeaux, et il faut acheter d'autres habillements, tandis que je puis décemment continuer à porter les miens et que j'épargne ainsi beaucoup d'argent. Les femmes de ménage qui ne savent ni coudre ni ravauder dépensent beaucoup, et cependant leur mise est toujours malpropre et en désordre.

A ces paroles de Lisbeth, les deux jeunes filles rougirent et des larmes roulèrent dans leurs yeux.

— Mais qu'avez-vous, mes amies, pour pleurer ainsi ? leur demanda la femme de Pierre.

— C'est que nous n'avons pas appris à coudre ni à ravauder aussi bien que toi, répondirent-elles. Nous nous en trouverons très-malheureuses, lorsque nous serons en ménage. Et cependant nous n'y pouvons rien faire.

Les deux jeunes filles s'en allèrent toutes tristes.

Quand l'heure du dîner fut venu et que Pierre fut rentré à la maison après la classe du matin, Lisbeth raconta à son mari ce qui venait de se passer.

— Je veux, ajouta-t-elle, leur enseigner à coudre et à ravauder convenablement ; car j'ai pitié de ces pauvres enfants, et je crains de les voir un jour bien malheureuses.

Pierre serra la main de sa femme et lui dit :

— Fais cela , ma chère Lisbeth. Tu gagneras ainsi la bénédiction de Dieu, et tu deviendras toi-même une bénédiction pour notre maison. Instruis non-seulement ces deux jeunes filles, mais donne des leçons à toutes celles qui voudront venir en prendre chez toi. Beaucoup de ménages tombent dans la pauvreté et dans la misère malgré les peines qu'ils se donnent, parce que les femmes ne comprennent pas la véritable économie. Elles ne s'entendent pas à tirer de leur potager une assez grande variété de bons légumes , à l'effet de varier également leur cuisine. Veulent-elles un jour faire un bon dîner , elles emploient une quantité de lard , de graisse , de beurre et d'huile , ce qui est très-dispendieux , sans qu'il en résulte même une nourriture saine. Or , la mauvaise nourriture produit de mauvais sang et de mauvaises humeurs. De là des maladies qui coûtent beaucoup d'argent , outre la perte de travail à laquelle les malades sont forcément réduits. Il en est de même des vêtements. Il est vrai qu'au village il y a des couturières ; mais , comme elles gagnent de l'argent à coudre , elles n'ont garde d'enseigner leur métier à d'autres. Or , les femmes qui ne savent ni coudre ni ravauder elles-mêmes , vont les coudes et les bas troués, ou si grossièrement raccommodés, que leurs vêtements sont d'un aspect bien plus misérable avec leur rapiéçages qu'ils ne l'étaient avec leurs trous ou leurs déchirures. Il leur faut à chaque moment acheter des habillements neufs , ce qui coûte cher et ce qui appauvrit les ménages. En vérité , c'est grande pitié qu'il ne se soit pas jusqu'ici rencontré dans le village une femme de cœur et d'intelligence qui ait consacré quelques heures par semaine à enseigner aux jeunes filles les choses les plus indispensables à une ménagère, c'est-à-dire l'économie domestique, la couture, le ravaudage, l'art de soigner un potager et une basse-cour. Elle aurait aidé à maintenir le bien-être dans beaucoup de maisons et à rendre bien des ménages heureux. Va donc , ma Lisbeth ; remplis cette tâche noble et sainte. Tu mériteras une grande récompense de Dieu.

Ces paroles de Pierre furent pour la jeune femme un puissant encouragement. Elle s'empressa de faire venir chez elle ses deux amies ; et, tous les soirs, pendant une heure , elle leur montrait à

coudre à points bien fins et bien réguliers, à ravauder tout genre
d'étoffes, à remailler des bas et à faire des reprises avec tant de
soin qu'il était difficile de voir qu'il y eût eu une déchirure. Elle
leur apprit à tricoter toute sorte d'objets de coton ou de laine, et
à couper des chemises d'homme, de femme et d'enfants, en utili-
sant avec le plus grand soin la longueur et la largeur de la toile,
afin qu'il y eût le moins de déchet possible. Elle les conduisit dans
toute sa maison, où régnait le plus grand ordre, parce que chaque
chose y avait sa place déterminée et qu'on l'y remettait chaque
fois qu'on s'en était servi. Elle leur fit voir l'étable, puis la cave, où
tout était propre et à l'abri de l'humidité, parce qu'elle était net-
toyée avec soin et constamment aérée. Elle les mena ensuite dans
le potager et leur apprit à planter et à semer toute sorte de
légumes, à les récolter et à les conserver. Enfin, elle leur montra
à faire la cuisine et à préparer les différents mets d'une façon aussi
variée qu'économique. Lisbeth avait appris de sa mère à faire en
un tour de main toute sorte de potages, à apprêter les viandes de
diverses manières, et à faire pour l'hiver toute espèce de con-
serves de petits pois, de fèves, de choux, de concombres et
d'autres légumes.

Les deux jeunes filles en furent tout émerveillées; car elles
n'avaient jamais rien vu de semblable dans la maison de leurs
parents. Aussi chacune d'elles se réjouissait-elle d'avance du plaisir qu'elle aurait, lorsqu'elle serait en ménage, à servir d'excellents repas qui n'en coûteraient pas plus cher à apprêter.

Or, comme elles ne purent s'empêcher de raconter à leurs
compagnes ce qu'elles voyaient et apprenaient chez leur amie, et
de leur dire qu'elles étaient bien résolues à prendre entièrement
Lisbeth pour modèle, plusieurs autres jeunes filles vinrent successivement la trouver et la prier de vouloir aussi leur donner
quelque instruction. Il se fit ainsi que bientôt la maison de Lisbeth
se transforma en une véritable école.

Dans le commencement, la femme de Pierre avait dû se donner
beaucoup de mal pour faire face à tous les travaux de son ménage.
Mais maintenant il n'en était plus de même. Car ses élèves lui
prêtaient la main en toutes choses, les unes dans le potager ou

dans l'étable, les autres dans la cuisine. D'autres fois elle les occupait à coudre du linge fin, lorsqu'il n'y avait pas de choses plus essentielles à faire.

L'effet de cet enseignement et de l'exemple donné par Lisbeth, fut tel que, dès l'année suivante, on eût compté à Valdor peu de maisons qui n'eussent leur potager bien tenu et où un certain ordre ne se trouvât établi. Dès les premiers jours du printemps, les femmes rivalisaient entre elles, et l'une épiait l'autre pardessus la haie de son potager pour voir ce qu'elle semait ou ce qu'elle plantait et pour apprendre comment elle s'y prenait. Plus tard, en été et en automne, chaque ménagère avait à vendre une grande quantité de beaux légumes qu'elle portait au marché de la ville et qu'elle échangeait contre de belle et bonne monnaie. C'était là une ressource dont elles se réjouissaient toutes, excepté celles qui n'avaient pas réussi à la procurer à leur famille. Celles-ci vinrent donc à leur tour demander conseil à Lisbeth, qui s'empressa de les instruire et de les diriger le mieux qu'elle pouvait et du meilleur cœur. Aussi bien les paroles ne coûtent rien, aux jeunes femmes surtout.

De cette manière Lisbeth se concilia l'affection de toutes ses compagnes, et il n'y en avait aucune qui ne prît plaisir à la louer et ne cherchât à lui être agréable. En un mot, chacun dans le village avait pitié de cette bonne et charmante femme, et on la plaignait sincèrement d'être unie à Pierre qui appartenait infailliblement à l'enfer. Car on savait parfaitement bien qu'il s'adonnait à la sorcellerie, qu'il pratiquait la science noire et qu'il était perdu de corps et d'ame.

CHAPITRE XII.

Le prince chez le maître d'école.

Pierre avait beau faire, toutes ses actions étaient interprétées en mal. Ainsi, quand il disait aux enfants qu'il n'y a pas de revenants et que ce sont tout simplement des produits de l'imagination des gens peureux ou crédules, on prétendait dans le village qu'il ne croyait ni au ciel ni à l'enfer. Ainsi encore, quand il montrait à ses élèves les plantes vénéneuses qui croissent dans les champs ou dans les bois, on assurait qu'il voulait enseigner aux enfants l'art d'empoisonner les gens. Mais personne ne l'épiait plus particulièrement que maître Jacques du *Lion d'or*, qui recueillait avec le plus grand soin tous les bruits défavorables que l'on faisait courir sur le compte de Pierre.

Enfin, un jour, maître Jacques, se croyant suffisamment instruit, se dit en lui-même :

— J'en sais maintenant assez pour lui casser le cou. Il comparaîtra devant le tribunal, et sa belle-mère la meunière témoignera elle-même contre lui en déclarant devant la justice tout ce qu'elle sait de ce gendre maudit. Comme chef de la commune, il est de mon devoir de parler. Je ne puis tolérer cela plus longtemps sans engager ma propre responsabilité.

Il prit donc son parti un dimanche, mit son costume officiel, se coiffa majestueusement de son tricorne, se munit de sa canne de jonc à pommeau d'argent, sortit du village en marchant de son pas le plus carré et se dirigea vers la ville. Il n'avait soufflé à personne le moindre mot de l'intention qu'il avait d'aller jouer auprès du magistrat un mauvais tour à Pierre; car il craignait que

Pierre n'en eût vent et que ce sorcier ne lui donnât lieu de s'en repentir avant qu'il eût atteint la ville.

Or, tout en cheminant seul sur la grand'route, il ne put s'empêcher de se parler à lui-même avec chaleur et à haute voix comme s'il se trouvait déjà en présence du magistrat. Dans l'entraînement de son éloquence, il se mit à marcher à pas toujours plus pressés, et à gesticuler, avec toute l'énergie de l'indignation, tantôt de la main droite, tantôt de la main gauche. Le malheur voulut que, dans cette course précipitée, le jonc magistral s'engageât entre ses jambes, et le fît trébucher avec tant de force qu'il tomba par terre. Son chapeau vola à dix pas, son nez s'aplatit sur le pavé, et vous l'eussiez vu les jambes en l'air, comme s'il eût voulu marcher sur la tête. Il se releva en gémissant et en jurant, et ramassa son chapeau noyé dans la poussière. Mais son front se gonfla en une bosse énorme, et son nez qui saignait devint aussi bleu qu'une grosse prune d'automne.

— C'est évidemment ce diable de Pierre qui m'a joué ce tour-là, murmura-t-il.

Et il n'osa pas aller plus loin, de crainte qu'il ne lui arrivât quelque chose de pire.

Aussi bien, pendant qu'il était encore occupé à étancher avec son mouchoir le sang qui lui sortait du nez, il vit accourir au grand galop sur la route un cavalier dont le chapeau et l'habit étaient ornés d'un riche galon d'or. L'étranger s'arrêta brusquement auprès du maître Jacques et lui demanda d'une voix brève :

— Un certain monsieur Pierre n'habite-t-il pas dans le village là-bas? Sauriez-vous s'il est chez lui?

— Oui, et pourquoi, s'il vous plaît? répondit l'hôte du *Lion d'or*.

— Le prince héréditaire veut lui faire une visite, répliqua le cavalier.

A peine eut-il dit ces mots, qu'il piqua des deux et disparut avec la rapidité de l'éclair sur la route de Valdor.

Maître Jacques ne put en croire ses oreilles, et il resta béant de stupéfaction.

— Com...ment? balbutia-t-il. Le prince héréditaire? Un prince héréditaire chez Pierre?

Il n'avait pas achevé cette phrase, qu'il vit un magnifique carrosse, attelé de six chevaux, précédé et suivi de plusieurs domestiques richement vêtus, passer à côté de lui et se diriger à fond de train vers le village. Il n'eut que le temps d'entrevoir dans la voiture un jeune seigneur sur la poitrine duquel étincelait une grande plaque d'argent.

— Grêle et tonnerre! s'écria maître Jacques. Le prince a sans doute l'intention de descendre à mon hôtel; mais, comme je n'y suis pas, il va s'adresser au *Tigre vert.*

Ce disant, il se prit à courir vers le village aussi vite qu'il put; mais, deuxième désastre, sa canne s'engagea derechef entre ses jambes, et il tomba de nouveau par terre comme un arbre déraciné. Les côtes lui craquèrent dans le corps, et son habit de gala en reçut un effroyable accroc; car il se déchira depuis le col jusqu'à la taille et s'entr'ouvrit comme la poupe d'un vaisseau que la tempête brise sur un rocher. Il lui fallut quatre ou cinq minutes pour revenir de cette terrible chute qui l'avait complètement étourdi. Enfin, il se releva en lâchant un horrible juron, et s'achemina vers le village en traînant piteusement la jambe.

Mais quel fut son étonnement, lorsqu'il arriva en vue de sa maison! Le rouge de la honte et de la colère lui monta au visage; car il n'apercevait pas l'ombre d'un carrosse arrêté devant sa porte. Evidemment le prince héréditaire devait être descendu au *Tigre vert.* Maître Jacques alla donc plus loin pour s'assurer de son malheur. Mais le seuil du *Tigre vert* était aussi désert que celui du *Lion d'or.* Étrange énigme! Que signifiait cela? Maître Jacques ne sut comment répondre à cette question apocalyp-

tique, et il regagna sa maison, où son étonnement redoubla, car il
n'y trouva pas une ame vivante.

Cependant, il se hâta de changer de vêtements et de se laver le
visage. Mais de quel effroi il se sentit saisi, lorsqu'il se regarda
dans le miroir et qu'il se trouva le nez aussi gros qu'un poing et
le front relevé en une bosse effroyable ! Alors sa colère s'alluma
de nouveau, et il se répandit en injures contre ses gens qui avaient
tous déserté la maison. Le lion furieux se démenait ainsi dans sa
rage, lorsqu'il vit tout à coup la servante accourir hors d'haleine en
s'écriant d'une voix entrecoupée à chaque syllabe, tant la pauvre
fille était essoufflée :

— Hé ! maître, quelle affaire ! Voyez donc, un empereur tout
vivant, peut-être même un roi, est descendu chez l'instituteur.
Tout le village est rassemblé devant la maison de maître Pierre.

L'hôte du *Lion d'or* fut comme foudroyé par cette nouvelle. Sa
consternation fut si grande, qu'il ne sut d'abord quel parti prendre. Enfin il se résolut à sortir et à se rendre au lieu où la foule se
trouvait réunie.

Au bout d'une demi-heure, on vit le prince héréditaire sortir de
la maison, tenant d'une main la main de Pierre et de l'autre celle
de Lisbeth et paraissant leur témoigner à tous deux la plus cor-
diale affection. Lorsqu'il fut remonté dans le carrosse, il leur tendit
de nouveau la main en signe d'adieu. Puis la voiture, précédée du
courrier galonné, s'éloigna avec la vitesse du vent, et tous les
gens du village, longtemps encore après qu'elle eut disparu,
restèrent immobiles et la bouche béante comme s'ils eussent été
cloués au sol.

Décidément personne n'en pouvait plus douter. Pierre savait
évidemment quelque chose de plus que manger le pain du bon
Dieu. Car enfin, pouvait-on admettre que le prince vînt chez un
simple maître d'école uniquement pour lui faire une visite et lui
témoignât tant d'affection pour rien et pour deux fois rien ? Cela
n'était pas admissible. « Les grands seigneurs, disait-on, ont besoin
de beaucoup d'argent ; c'est pourquoi ils ont recours à des alchi-

mistes, à des déterreurs de trésors et à d'autres gens de cette espèce; en général, ils ne sont pas des plus scrupuleux; et, pourvu qu'ils aient bien joui de la vie, ils ne s'inquiètent pas de faire une mauvaise fin. »

Depuis la visite du prince, ce discours et d'autres couraient le village, et les idées les plus étranges commencèrent à germer et à prendre racine dans la tête de quelques gens réduits aux abois; car la pauvreté, sans la crainte de Dieu, est la plus mauvaise conseillère de l'homme. Il y en eut même qui allèrent jusqu'à se dire confidentiellement entre eux dans leurs moments d'expansion :

—Parbleu! si je savais seulement comment m'y prendre, je n'aurais pas la moindre peur. Je suis prêt, s'il le faut , à conclure aussi un pacte avec l'*autre*, pourvu qu'il paye mes dettes et qu'il me procure autant d'or que j'en désire. Croyez-moi , je ferais un autre train que le maître d'école, si j'étais à sa place. Car, enfin, il faut être aussi stupide qu'il l'est pour habiter et vivre dans un pauvre village comme le nôtre. Quant à moi , je ferais galamment danser les écus; j'aurais, comme le prince, un carrosse à six chevaux , une armée de domestiques , des plaques sur ma poitrine, une cuisine pleine de rôtis et une cave pleine de vin. Encore une fois, pour avoir tout cela, je vendrais mon ame à l'instant même et sans sourciller.

Tel était le langage impie qu'un grand nombre de gens ne craignaient pas de tenir. Si les richesses pervertissent souvent le cœur, la misère ne le pervertit pas moins. Et, quand la misère, l'ignorance et les mauvais penchants se trouvent réunis , on peut dire que l'orchestre du diable est au grand complet. Il en est ainsi dans beaucoup de villages, et malheureusement il en était de même à Valdor.

CHAPITRE XIII.

Recette pour faire de l'or.

Pierre ne fut pas médiocrement surpris de voir, depuis le jour où le prince était venu lui faire visite, tantôt l'un, tantôt l'autre accourir chez lui, demandant à lui parler en secret et lui tenant ce langage impie :

— Pierre, tu sais faire de l'or; personne ne l'ignore dans le village. Tu pratiques la magie noire. Sois assez bon pour m'initier aussi. Tu verras qu'en présence du diable je n'aurai pas peur le moins du monde. Je lui signerai, sans trembler, le pacte avec mon propre sang, et je mettrai à sa disposition mon corps et mon ame. Car, vois-tu? mon ami, je suis réduit à la dernière extrémité. Aie donc pitié de moi. Cela ne peut te nuire en aucune manière.

Longtemps Pierre ne sut que répondre aux sollicitations de ces malheureux. Mais, comme il en accourait chaque jour davantage, et que, chaque jour, ils redoublaient leurs instances, il leur assigna à tous, mais à chacun séparément, la même nuit pour venir le trouver. Il choisit à dessein une nuit de nouvelle lune, et les pria d'être chez lui avant que douze heures fussent sonnées à l'horloge de l'église.

Quand fut venue la nuit qu'il leur avait fixée, tous ces hommes, dont chacun se croyait appelé seul aux mystères de l'initiation, se glissèrent successivement dans la maison de Pierre, quoiqu'il fût à peine onze heures. A mesure qu'ils arrivaient, il les introduisit, en leur recommandant le plus grand silence et en les faisant marcher sur la pointe des pieds, dans une chambre dont les volets étaient soigneusement fermés et où il n'y avait pas la moindre lumière. Il en vint ainsi jusqu'à trente-quatre, tous pères de famille. Chacun d'eux éprouva naturellement une peur effroyable en se heurtant dans l'obscurité contre son voisin et en sentant un être vivant à côté de soi. La plupart d'entre eux sentirent couler le long de leur front des gouttes de sueur froide. Quelques-uns même furent saisis d'une si grande anxiété, qu'ils se seraient volontiers retirés au plus vite, s'ils avaient été certains de pouvoir échapper sains et saufs.

Ils passèrent ainsi une heure presque tout entière dans le plus profond silence et dans une angoisse si grande qu'aucun d'eux n'osar espirer. En ce moment, minuit sonna à l'horloge du village. Au dernier coup de la cloche, une porte opposée à celle par laquelle ils étaient entrés s'ouvrit tout à coup, et l'on vit apparaître un officier en brillant uniforme, un énorme plumet sur son shako, un sabre au côté, et une croix d'honneur sur la poitrine. Il portait deux flambeaux qu'il posa sur la table devant lui.

En ce moment, ils se reconnurent les uns les autres, et se sentirent rougir de confusion ; car personne ne douta qu'ils ne fussent venus tous pour le même objet. Ce premier moment de surprise et de honte passés, ils reportèrent les yeux sur le brillant officier qu'ils avaient pris d'abord pour un esprit infernal, mais qui n'était autre que Pierre lui-même.

Pierre avait un air grave et sérieux.

— Regardez-moi bien, malheureux que vous êtes, leur dit-il. Maintenant, je l'espère, vous reconnaissez qui je suis. Je ne suis pas de ceux qui se livrent à la magie noire, et je tiens à Dieu et à son Église. Quant à vous autres, il y a longtemps que vous avez renié Dieu en foulant aux pieds tous ses commandements. Vous avez dissipé votre avoir en mangeant et en buvant. Vous avez pratiqué la fraude et le mensonge. Vous avez exercé le vol et la rapine. Vous avez perdu au jeu le pain de vos femmes et de vos enfants. En un mot, vous avez fait des œuvres de ténèbres. C'est ainsi que vous êtes arrivés à la misère et au désespoir. Croyez-moi, c'est par l'honnêteté qu'on va le plus loin, et la crainte du

Seigneur est la meilleure richesse. La bénédiction de Dieu n'est que dans le chemin de Dieu. Je ne demande pas à être riche, mais je ne suis pas pauvre. Or, si vous voulez devenir ce que je suis, faites aussi comme je fais.

En disant ces mots, Pierre tira de sa poche une grosse bourse et la vida sur la table, où roulèrent une quantité de belles pièces d'or, dont l'éclat éblouit les yeux de tous les spectateurs. Ceux-ci n'avaient jamais vu un si grand nombre de pièces d'or réunies. Aussi leurs cœurs se mirent-ils à battre prodigieusement.

Mais Pierre reprit au même instant :

— En vérité, je vous le dis, rien de ceci ne me donne le bonheur ; on n'est heureux que par la sagesse avec laquelle on gagne et on utilise cet argent. Vous êtes venus ici pour être initiés par moi à l'art de faire de l'or. Eh bien, cet art, je veux vous l'enseigner. Je le tiens pour la meilleure science de la vie, et il vaut mieux que l'or lui-même. Si vous avez la sagesse, vous aurez l'or, et vous ne le placerez plus au-dessus de toutes choses. Mais vous ne pouvez parvenir au bonheur avant d'avoir passé par l'épreuve nécessaire. Or, cette épreuve doit durer sept ans et sept semaines. Celui qui persévèrera jusqu'à la fin, recueillera joie sur joie. Je le répète, quand ce temps sera écoulé, chacun de vous aura plus d'or à étaler sur sa table qu'il n'y en a ici devant vous. Mais songez-y bien, l'épreuve est difficile pour l'impie, et lourde pour le pécheur. Car ils doivent commencer par régénérer leur cœur et par devenir des hommes nouveaux.

Les trente-quatre pères de famille écoutèrent dans un inquiet silence les paroles de Pierre, et ils ne cessèrent de le regarder avec de grands yeux étonnés.

— Celui d'entre vous, continua Pierre, qui veut se soumettre à l'épreuve pendant sept ans et sept semaines peut rester ici. Mais celui qui a peur ou qui n'est pas ferme dans sa foi, celui-là peut se retirer.

Aucun ne bougea ni ne fit mine de vouloir s'en aller.

— Eh bien, reprit l'officier, jurez-moi donc devant le Dieu tout-puissant qui nous voit ici, jurez-moi les sept choses suivantes, que vous vous engagerez à observer ponctuellement pendant sept ans et sept semaines.

Premièrement : vous ne mettrez pas le pied dans un cabaret; mais, en revanche, vous irez avec plus de zèle à l'église pour entendre la parole de Dieu et pour agir ensuite selon ce qu'elle prescrit.

Secondement : vous ne toucherez pas à un jeu de cartes ou de dés, ni à aucun jeu auquel on joue pour de l'argent.

Troisièmement : il ne sortira de votre bouche aucun blasphème, aucune injure, aucun mensonge, ni aucune parole méchante ou calomnieuse.

Quatrièmement : vous n'aurez pour toute occupation que le travail et la prière. Le matin et le soir, vous demanderez à Dieu qu'il vous bénisse, vous, votre femme et vos enfants. Vous lui demanderez pardon de vos péchés. Vous ferez votre travail loyalement et avec zèle, et vous ne ferez plus de dettes.

Cinquièmement : celui qui, pendant sept ans et sept semaines, s'oubliera une seule fois au point de s'enivrer, sera repoussé de notre communauté.

Sixièmement : dans le champ que vous cultivez, il n'y aura pas de mauvaises herbes, ni de malpropreté dans votre maison. Il faut que, dans votre habitation et dans votre étable, tout soit reluisant de propreté. C'est à cela que je vous reconnaîtrai.

Septièmement : il faut que votre corps soit un temple de Dieu; pour cela, il doit être chaste, propre et décent. La propreté sera un des signes auxquels nous nous reconnaîtrons, et vous la soignerez dans vos enfants comme dans vous-mêmes.

Or, que celui qui se sent disposé à faire ces sept vœux et à les tenir, approche et me donne la main en signe d'union et d'assentiment.

Quand Pierre eut parlé de la sorte, chacun des trente-quatre s'approcha à son tour et lui tendit la main par-dessus la table couverte de pièces d'or, en disant :

— Ces sept choses, je promets de les tenir, et ainsi Dieu me soit en aide !

Lorsque tous eurent prononcé le vœu, Pierre reprit :

— Maintenant, mes amis, que chacun de vous retourne en paix à sa maison. Mais, avant de vous livrer au repos, adressez une prière à Dieu pour lui demander la force de tenir votre promesse. Je vous le dis en vérité, lorsque le temps de l'épreuve sera fini, chacun de vous aura plus d'or qu'il n'y en a ici sur la table devant moi.

Puis il leur recommanda instamment de ne révéler à personne au monde un seul mot de ce qu'ils avaient vu et entendu cette nuit, et même de se garder d'y faire la moindre allusion.

Sur cela, ils se retirèrent tous dans le plus grand silence. Chemin faisant, l'un n'échangea pas même une parole avec l'autre, tant ils étaient préoccupés tous de ce qui venait de se passer dans la maison de Pierre.

Ils s'étaient attendus à toute autre chose, et ils avaient vu précisément le contraire. A vrai dire, plus d'un, en réfléchissant aux vœux qu'il avait prononcés, éprouva une certaine inquiétude; car ils étaient très-difficiles à tenir. Mais pas un seul qui n'eût l'esprit frappé de la scène mystérieuse à laquelle ils avaient assisté, de ce nombre cabalistique de sept ans et sept semaines, du langage inspiré de Pierre, de cette table couverte d'or, de la vue de ce splendide officier qui leur était apparu à l'heure de minuit avec sa croix sur la poitrine. Tout cela leur parut un rêve étrange.

CHAPITRE XIV.

Le lion et le tigre.

— Hé ! maître François, qu'est-ce que cela signifie? Maître Gaspard, que veut dire tout cela? demanda le vieux garde-champêtre en faisant le lendemain sa tournée dans le village. Jour de ma vie! on n'a jamais rien vu de pareil. Attendrait-on par hasard une nouvelle visite du prince, ou le passage d'un empereur ou même du bourgmestre de la ville? De mémoire d'homme, on n'a vu nettoyer avec autant de rage les portes et les fenêtres, les vitres et les dalles. Prenez garde, mes compagnons; vous allez user vos maisons à force de les brosser et de les frotter.

Et le narquois vieillard, habitué à mettre les points sur les i, corrobora sa cruelle plaisanterie par un long éclat de rire.

A vrai dire, il y avait de quoi s'émerveiller à voir l'extraordinaire activité qui régnait dans tous les ménages. C'était dans chaque maison un tumulte à vous assourdir, une agitation à vous fatiguer les yeux. Tout le monde était à l'œuvre, l'un par ici, l'autre par là, qui à laver les fenêtres et les portes, et à frotter les meubles, qui à écurer la batterie de cuisine, qui à nettoyer les planchers, qui à balayer les ordures dont l'avenue de son habitation était obstruée, en un mot, à mettre partout l'ordre et la propreté. Les trente-quatre pères de famille savaient très-bien pourquoi ils faisaient tout cela. Mais ils n'eurent garde de souffler le moindre mot. Car ils se disaient en eux-mêmes :

— Dans sept ans et sept semaines, nous aurons nos armoires et nos bahuts pleins d'argent.

En voyant l'activité de ces pauvres gens , Pierre dit à Lisbeth :

— Je ne sais si je dois rire ou m'affliger de ce qui se passe en ce moment. Car ce que ces gens n'ont pas fait jusqu'à ce jour de leur propre mouvement, ni pour l'amour de leurs femmes et de leurs enfants , ni pour l'amour de Dieu , ni par besoin et par nécessité , ils le font maintenant par crainte superstitieuse et par l'espoir de devenir riches. Oh! que les enfants des hommes sont insensés ! Mais, enfin, qu'importe ? Par la superstition, ils arriveront à la connaissance de la vérité , et par la porte de la corruption, ils entreront dans le chemin de la droiture.

Cependant, de semaine en semaine, l'étonnement allait croissant dans le village. Les cabarets étaient presque déserts. Le dimanche , on n'entendait plus les joueurs s'acharner à abattre les quilles , au milieu des rires et des blasphèmes. Personne ne touchait plus aux cartes ni aux dés. La bierre s'aigrissait dans les tonneaux ; car personne ne venait plus en boire. L'eau-de-vie et le genièvre ne trouvaient plus le moindre débit. La plupart des gens restaient chez eux auprès de leur femme et de leurs enfants , ou ils allaient visiter leurs petits champs et examinaient ce qu'il faudrait y faire pendant la semaine. Les joyeux compères d'autrefois avaient renoncé à la dissipation et aux plaisirs désordonnés , et ils étaient devenus tout à fait sérieux et posés. Ceux qui avaient eu l'habitude de se livrer à la débauche, allaient fréquemment à l'église et y priaient avec dévotion. Enfin, les fainéants de naguère se tenaient vaillamment à l'ouvrage, depuis le matin jusqu'au soir, dans leur atelier ou dans leurs champs.

Aussi les cabarets ne purent-ils manquer de jeter feu et flamme contre cette subite réaction. L'hôte du *Tigre vert,* en regardant le dimanche ses tables et ses bancs déserts , se demandait avec douleur si les gens du village étaient devenus fous.

— Quel diable leur a donc dérangé le cerveau ? se disait-il. Cela ne peut plus durer. Un honnête homme ne saurait vivre au milieu d'un pareil scandale. Il faut que la commune soit mise à la raison , et que l'ordre soit rétabli.

L'hôte du *Lion d'or* partageait naturellement cet avis. Même il allait plus loin encore. Il écumait de fureur, et la bile teignait toutes ses paroles en jaune.

— Les choses monstrueuses que nous voyons ! s'écriait-il. Si cela continue, je serai forcé de fermer ma porte. Je le vois bien, c'est un infâme complot qu'on ourdit contre moi. On veut me ruiner, il n'y a pas de doute à cela. Mais, avant qu'on y réussisse, Dieu me pardonne ! le village tout entier périra. Seulement, si je pouvais découvrir le misérable qui trame ainsi ma perte, sur ma tête ! je lui ferais passer un mauvais quart d'heure.

En vain le *Tigre vert* essaya-t-il de se défaire de sa bierre aigre en l'offrant à moitié prix ; en vain il payait, chaque dimanche, le violon et la basse du village pour jouer gaîment des danses sous ses tilleuls, aucun des trente-quatre, ni leur femme, ni leurs fils, ni leurs filles ne s'y laissèrent séduire.

De son côté, maître Jacques se mettait en quatre pour faire revenir ses anciennes pratiques. Il les alléchait de toutes les manières. Il alla même offrir à l'un ou à l'autre un verre de bierre pour rien, en leur disant :

— Parbleu ! les amis, la bierre est délicieuse, n'est-ce pas ? Pourquoi donc ne venez-vous plus vider une pinte chez moi ?

— Oh ! nous n'avons pas d'argent, répondaient-ils.

— Et c'est cela qui vous retient ? reprenait l'hôte du *Lion d'or*. Quelle bêtise, mes amis ! Vous savez très-bien que je ne suis pas si rigoureux et que je fais volontiers crédit à de braves gens comme vous. Venez donc ; vous paierez quand vous pourrez.

Mais ces sollicitations n'eurent pas le moindre effet ; car aucun d'eux ne retourna le dimanche chez maître Jacques.

Aussi le lion furieux en devint-il presque enragé.

— Ah ! mes compères , s'écria-t-il , si vous agissez de la sorte je vous montrerai aussi le poing. Vous apprendrez ce que peut l'hôte du *Lion d'or* , et vous le saurez dans peu , j'espère ; car je ferai du village un lieu de larmes et de grincements de dents.

CHAPITRE XV.

Moyen de payer ses dettes.

Les menaces de maître Jacques ne tardèrent pas à se réaliser ; car il commença à poursuivre à outrance ses pauvres débiteurs, et son exemple fut suivi par ses collègues, administrateurs et cabaretiers. Bientôt il n'y en eut plus un seul parmi les trente-quatre qui sût où donner de la tête. Mais Pierre était le confident de leurs joies et de leurs chagrins, leur consolateur dans les jours d'épreuve et leur conseiller dans les affaires difficiles. Ils vinrent donc l'un après l'autre le trouver pour se plaindre à lui et le consulter.

— Vous le savez, Pierre, disait chacun d'eux, je tiens scrupuleusement la promesse que j'ai faite, si dure qu'elle soit à tenir. Voilà une demi-année que je travaille et que je prie. Ma maison est parfaitement propre ; ma femme et mes enfants le sont aussi. Personne n'a à se plaindre de moi. Mais les conseillers de la commune me tourmentent de toutes les manières. Je suis débiteur de l'un et de l'autre, et voici qu'ils me menacent de me chasser de ma maison, si je ne les paie ou si je ne retourne boire dans leurs cabarets. Aidez-moi donc, mon cher Pierre ; sinon je ne pourrai pas tenir ma promesse. Dans six ans et demi, j'aurai de l'argent en abondance. Avancez-moi une petite somme ; dans six ans et demi, je vous la rembourserai.

Mais Pierre répondit à chacun d'eux :

— Vous vous rappelez, mon ami, qu'il est dit dans notre quatrième article : « Prier, travailler, et ne plus faire de nouvelles dettes. » Je ne puis donc vous prêter de l'argent. Mais voyons combien et à qui vous devez. Nous aviserons ensuite au moyen de vous tirer d'embarras.

En disant ces mots , il prit un papier et une plume , s'assit à sa table et écrivit ce qu'on répondait à ses questions. Ces questions étaient les suivantes :

— A qui devez-vous ? Combien devez-vous et à quel intérêt ? Pourquoi cette dette a-t-elle été contractée , et quel gage avez-vous donné ?

Après avoir fait l'addition de toutes les dettes que l'homme lui avait énumérées, il reprenait :

— Maintenant, voyons avec quoi vous paierez. A combien s'élève par semaine votre salaire, celui de votre femme et de vos enfants ? Combien de terre avez-vous, et combien de bétail ? Que pouvez-vous vendre en moyenne par année de votre bétail et de votre récolte ? Combien vous faut-il pour votre entretien par semaine et par jour ? En quel état se trouvent vos vêtements , votre linge , votre mobilier , vos instruments et vos ustensiles ? De quoi avez-vous besoin, et de quoi pouvez-vous vous passer sans vous gêner ?

Toutes les réponses qu'on lui faisait, il les mit soigneusement par écrit. Alors seulement, il vit clair dans l'effroyable désordre qui avait jusqu'à ce jour régné dans les ménages. Car beaucoup ne savaient pas même à quel chiffre s'élevaient leurs dettes , et ils n'avaient tenu aucune note. Il fallait donc commencer par s'enquérir auprès des créanciers eux-mêmes de ce qui leur était dû. Il résulta de cette enquête que quelques-uns devaient trois , quatre et jusqu'à cinq années d'intérêts ou de loyer arriéré. C'était nécessairement à l'extinction des dettes de cette nature qu'il importait d'aviser avant tout. Il se trouvait des gens qui , dans des moments d'embarras, avaient été forcés d'emprunter de l'argent auprès des membres du conseil communal à huit et même à douze pour cent. Pour les tirer des griffes de ces usuriers et les sauver d'une ruine complète, Pierre alla dans la ville lever pour eux de l'argent à trois ou à quatre pour cent, se rendant lui-même caution et aidant ainsi les pauvres gens à se soustraire à des charges horriblement onéreuses. A la vérité, quelques-uns avaient plus de dettes que de bien. Là, le remède était difficile. Cependant Pierre leur donna du courage et leur dit :

— Avec la grâce de Dieu et à force de travail et d'économie, nous parviendrons bien à éteindre vos dettes. Suivez seulement mon conseil en toutes choses.

Si Pierre, en dressant un état de l'avoir et du devoir de chacun des trente-quatre, avait vu avec douleur la négligence qu'ils avaient mise dans la gestion de leurs affaires, ils ne furent pas moins consternés que lui-même en voyant leur situation dans toute son affreuse vérité. Car ce fut alors seulement que chacun vit ce qu'il pouvait considérer comme sa propriété réelle , déduction faite de ses dettes. Pour quelques-uns, cet avoir net se réduisait à fort peu de chose, et il y en eut qui éprouvèrent un frisson d'épouvante en reconnaissant l'état de leurs affaires. Alors chacun voulut faire des épargnes. Chacun voulut travailler. Mais comment s'y prendre pour assurer les économies ?

Pierre eut énormément de peines et d'embarras. Mais il y trouvait un grand bonheur ; car il était un véritable ami des hommes. Il commença par faire, à l'usage de chacun des trente-quatre, un livret de ménage pour les dépenses et un autre livret destiné à contenir l'indication des sommes qu'ils devaient et des économies qu'ils faisaient , afin qu'ils eussent constamment sous les yeux la situation réelle de leur avoir. Il retourna ensuite à la ville et y chercha de l'ouvrage pour tous ceux qui étaient en état de travailler , pour les grands et pour les petits. Il y réussit peu à peu. Ce que l'on gagnait ainsi en salaire, on l'inscrivait aussitôt sur l'un des livrets et on l'économisait. Quelques-uns remettaient, à la fin de chaque semaine , leur argent à Pierre , afin qu'il le gardât et pût à la longue éteindre un des capitaux qu'il avait levés pour eux. D'autres ayant imité cet exemple et Pierre se trouvant un jour posséder dans sa caisse cent francs et au delà, il se dit en lui-même :

— Mais pourquoi cet argent dormirait-il là sans fructifier ? Si je le plaçais à intérêt, mes pauvres gens en obtiendraient, sans se donner aucune peine , un petit accroissement de capital , et leurs dettes en seraient diminuées d'autant.

Cette idée, il la mit aussitôt à exécution. Il ouvrit un registre où il inscrivait régulièrement, au nom de chacun des trente-quatre, le chiffre des économies que chacun d'eux faisait par semaine sur son salaire et qu'il versait à la caisse d'épargne. Il alla ensuite à la ville et proposa à un honnête négociant de prendre cet argent à intérêt et de l'accepter par versements mensuels, ne s'élevassent-ils qu'à quinze ou à vingt francs ; car c'était pour rendre service à de braves gens qui désiraient faire des économies sur le produit de leur travail. Pierre était connu dans la ville pour sa loyauté et pour son bon cœur. Aussi le marchand s'empressa-t-il d'accéder à cette demande, et il prit l'argent à intérêt. A la fin de l'année , il transformait ces intérêts en un nouveau petit capital , qui devenait productif à son tour , et Pierre , de son côté , marquait sur son registre la part qui en revenait à chacun des trente-quatre.

Ce qui était un grand bonheur, c'est que ces gens et leurs enfants, disposés maintenant à travailler, trouvaient de l'ouvrage abondamment, et qu'il était rare qu'ils fussent réduits à l'inactivité par des maladies. Autrefois , il n'en était pas de même. Alors il arrivait souvent qu'après avoir passé le dimanche à se livrer à la boisson , on fût peu disposé à se mettre au travail le lundi. Parfois même le mardi, on éprouvait encore des maux de tête ou quelque autre malaise , on gardait le lit ou l'on restait nonchalamment assis sur une chaise ou sur un banc. En outre , comme on donnait beaucoup de soins à la propreté , on se préservait naturellement de toutes les maladies que la malpropreté engendre.

Or , quand Pierre fit connaître à ses amis qu'il avait organisé une caisse d'épargne et que l'argent qu'ils lui remettaient chaque semaine, pour le garder , était destiné à porter intérêt, ils en furent tout émerveillés. Chacun voulut voir dans le registre à combien s'élevait la somme qu'il avait déjà fournie à la caisse et le chiffre de l'intérêt qu'elle lui donnerait à la fin de l'année. Dans le principe, quelques-uns seulement des trente-quatre avaient apporté à Pierre l'argent de leurs économies. Mais, voyant les grands avantages qui résultaient pour eux de la caisse d'épargne , ils ne purent s'empêcher d'en parler à d'autres. Ceux-ci , en apprenant que leurs voisins avaient déjà épargné quinze , vingt , trente et quarante francs , voulurent aussi participer à la caisse. Ils prirent donc le peu d'argent qu'ils avaient ; et, l'ayant porté à Pierre :

— Pourquoi donc ne nous avez-vous pas dit que vous aviez organisé une caisse d'épargne ? lui demandèrent-ils. Permettez-moi d'y verser aussi chaque semaine l'argent que je puis mettre de côté , que ce soit peu ou beaucoup. Car , si je le garde chez moi , il ne porte pas d'intérêt; au contraire , au lieu d'augmenter il diminue. Quand on l'a dans la main , on l'emploie souvent sans une nécessité bien réelle. C'est pourquoi mieux vaut loin des yeux; car on peut dire avec le proverbe : loin des yeux , loin de l'esprit.

Bientôt il n'y en eut plus un seul parmi les trente-quatre qui ne vînt , à la fin de chaque semaine , déposer à la caisse l'argent qu'il pouvait économiser, et ce fut à qui en apporterait le plus. Il s'en trouva même qui eussent volontiers réduit l'ordinaire de leur famille à du pain sec pour économiser davantage. Pour le coup, l'émulation passait toutes les limites de la raison. Aussi Pierre les reprit-il en ces termes :

— Il est bon, mes amis, que vous soyez sobres ; mais il ne faut pas que votre femme et vos enfants souffrent la faim. Celui qui veut bien travailler, doit se nourrir convenablement. Cela donne de la force et du courage. A la vérité , plus d'une ménagère qui pourrait travailler aux champs ou gagner de l'argent autrement, doit rester chez elle pour faire la cuisine et soigner sa maison. Si chaque famille trouvait sa cuisine toute faite , il ne faudrait acheter ni payer de bois , ni perdre du temps à aller le ramasser dans la forêt ; vous pourriez même peut-être vendre à d'autres une partie de celui que l'affouage attribue tous les ans à chacun de vous , et ce serait de l'argent tout trouvé. Il y a là quelque chose à faire. Mais nous arrangerons cela d'une autre façon. Vous le savez , nous avons traversé des années calamiteuses ; nous faisions alors très-maigre chère. Or, si nous avons pu faire des économies à cette époque, alors que nous n'avions presque rien, pourquoi ne pourrions-nous pas en faire de plus grandes aujourd'hui que les temps sont incomparablement meilleurs ? Car les pommes de terre , les fruits , la farine , le pain et la viande coûtent beaucoup moins à l'heure qu'il est. Que si quelqu'un se chargeait de faire la cuisine pour nous tous, beaucoup de femmes auraient le temps de vaquer à un autre travail et de gagner de l'argent d'une autre manière. Il est évident que sous trente pots ou chaudrons, il faut vingt fois plus de bois qu'il n'en faut sous un seul chaudron où l'on ferait à dîner pour trente ménages. Cela est clair comme le jour. Il y a là un bénéfice tout net. En outre , en cuisant pour tant de familles à la fois, on trouverait une autre économie dans l'assaisonnement , poivre, sel et beurre , et l'on n'userait pas ses ustensiles. Voyons, mes amis, ne pourrions-nous pas faire un petit essai ?

Cette proposition plut à un grand nombre. D'autres la crurent impraticable. Cependant, Pierre alla trouver le meunier et le disposa à faire apprêter chez lui le dîner commun , et à cuire de la viande trois fois par semaine. Tous ceux qui s'étaient engagés à se pourvoir à la cuisine organisée de la sorte , devaient faire connaître, chaque matin , combien ils désiraient avoir de soupe et de viande, et chacun d'eux payait selon la quantité des portions qu'il demandait. Ils étaient au nombre de dix-sept ménages.

Chaque famille fournissait, à tour de rôle, le bois de chauffage nécessaire et une aide pour assister à la préparation des mets. La meunière avait la surveillance de la cuisine. Chaque jour, on variait la soupe et les légumes. Celui qui n'avait pas d'argent, pouvait payer en farine, en fruits , en légumes et en pommes de terre, les portions qu'il recevait. Ce mode de payement offrait de grandes facilités à tout le monde. Seulement, celui qui prenait de la viande , devait l'acheter argent comptant. La femme du meunier était une excellente ménagère, et elle s'entendait parfaitement à faire la cuisine. Les autres femmes et les jeunes filles, quand c'était leur tour de l'aider à préparer les mets, apprirent, en l'assistant , une foule de choses qu'elles ne savaient pas.

Grâce à ce système , les dix-sept familles , auxquelles se joignirent le meunier et l'instituteur, obtenaient une nourriture plus saine et plus substantielle que les autres gens du village , bien qu'elle leur coûtât beaucoup moins. Chaque jour, elles avaient un

potage et des légumes , et trois fois par semaine de la viande
cuite , rôtie ou grillée.

Quand les autres ménages virent cet excellent résultat , ils
demandèrent à se joindre à ceux qui avaient commencé l'association. Toutes les familles des trente-quatre s'y trouvèrent bientôt
affiliées, et même d'autres sollicitèrent la faveur d'y être admises.
Car on n'avait pas tardé à s'apercevoir qu'en préparant ainsi le
manger en commun , on obtenait une très-notable économie de
bois , de travail et de temps , et que les mets étaient meilleurs et
à plus bas prix.

Ce succès finit par donner à l'association un si grand développement, que la meunière ne put plus suffire à servir tant de
monde , quoique le nombre de ses aides s'accrût chaque jour.
Alors le maître du *Tigre vert* songea à établir à son profit une
cuisine semblable. Mais il ne put attirer dans sa clientèle aucun
des trente-quatre , qui demeurèrent tous fidèles à la maison du
meunier. Ils avaient désigné parmi eux les chefs de famille les plus
intelligents pour faire l'achat des provisions et pour en surveiller
l'emploi , l'institution ayant pour objet de servir à l'avantage
de tous et non à l'avantage exclusif d'un seul.

CHAPITRE XVI.

**Comment le nombre des cabarets diminue dans le village
et ce que les vieux paysans en disent.**

Dans la cuisine du *Tigre vert*, c'était tout autre chose. On y
faisait des potages tellement exécrables que personne n'en voulait
manger. Les gens qui en avaient goûté une seule fois, n'y retour-
naient plus ; car ils se disaient avec raison que c'était jeter leur
argent. Ils finirent donc par former entre eux une association
pareille à celle qui était chez la meunière. Mais elle ne put tenir,
parce qu'il n'y régnait pas d'ordre et que l'un ne cherchait qu'à
tromper l'autre. L'hôte du *Tigre vert* se frotta les mains et se
réjouit en voyant que les choses n'allaient pas mieux chez les autres que chez lui.

Cependant, tout allait encore moins bien chez lui que chez les
autres, parce qu'il était un homme dur et entêté. Il avait amassé
beaucoup d'argent par de mauvais moyens ; et , on le sait , argent
mal acquis ne profite point. Ainsi , dans de mauvaises années ,
quand des personnes charitables remettaient de l'argent au conseil de la commune afin de l'employer à faire des soupes économiques pour les indigents , il usait de son influence pour obtenir que
le conseil répartît directement l'argent entre les pauvres. Puis il
s'associait avec l'hôte du *Lion d'or* , et ils vendaient aux pauvres
gens de la farine ou du pain à un prix exorbitant. De cette
manière , ils attiraient l'argent dans leurs propres poches. Ainsi
encore, lorsque l'un ou l'autre habitant du village était forcé, dans
un moment d'embarras , de mettre en adjudication publique son
foin, son bétail ou quelque parcelle de terre, le *Tigre vert* s'entendait avec son collègue le *Lion d'or* pour obtenir tout à vil prix.
Ils commençaient par faire des offres réellement inacceptables, et y
mettaient ensuite une petite enchère. Puis l'un se retirait , sans

faire une offre nouvelle et en disant que l'objet n'en valait pas davantage. L'autre le suivait en ajoutant que la chose à vendre avait atteint la plus haute limite de sa valeur. Or, comme on les tenait pour les hommes les plus intelligents de la commune, personne n'osait se hasarder à surenchérir, et ils obtenaient tout à vil prix. Que si quelqu'un était assez hardi pour faire une offre plus élevée et qu'il fût un de leurs débiteurs, ils l'effrayaient par leurs menaces et lui disaient :

— Ma foi, compère, si tu es assez riche pour en donner plus que cela ne vaut, je te conseille de commencer par me payer ce que tu me dois.

C'est de cette manière que l'hôte du *Tigre vert* était devenu riche. Mais ces trésors mal acquis ne pouvaient prospérer dans ses mains. Il était orgueilleux et prompt à la colère, et il avait constamment des affaires à démêler avec la justice. Il était même engagé dans un fâcheux litige avec ses frères et ses sœurs à qui il avait fait grand tort, par fraude et par ruse, dans le partage de leur patrimoine commun. Beaucoup de gens du village avaient été ruinés par des procès qu'il leur avait intentés.

La manie des procès était presque générale à Valdor, et elle avait été une des principales causes de l'appauvrissement de la commune. Car, aussi longtemps que les gens avaient joui de quelque aisance, ils avaient porté la tête haute. Ceux qui se trouvaient embarqués dans une affaire judiciaire croyaient que c'était une chose belle et honorable, parce que chacun venait leur en parler. Puis arrivait quelque homme de ruse, un avocat, qui les excitait de son mieux, afin de tirer profit de la sottise des paysans et de leur amour des procès. Attisés par les gens de loi, ils juraient qu'ils y mettraient leur dernier sou plutôt que de céder. Cela plaisait prodigieusement aux avocats. Alors les affaires étaient traînées en longueur par toute sorte d'incidents, de subtilités et de détours, de sorte qu'elles duraient souvent des années. On parcourait toutes les instances. On allait d'appel en appel. On vidait la poche des plaideurs, et on ne finissait les procès que lorsqu'ils avaient coûté dix fois plus que ne valait l'objet du débat. Alors le malheureux qui avait succombé et le malheureux qui était sorti vainqueur de la lutte , se trouvaient également à plaindre , et ils se rongeaient piteusement les doigts, tandis que les avocats mangeaient gaîment d'excellents rôtis.

Depuis que Pierre était rentré au village , beaucoup de gens avaient évité de s'engager dans des procès. Car, lorsque les uns ou les autres venaient lui demander conseil, il faisait toujours en sorte que le différend se terminât à l'amiable , et il leur racontait l'apologue suivant :

— Un jour, deux chiens se rencontrèrent sur un pont très-étroit qui était jeté sur un torrent. Au milieu du pont, ils trouvèrent un morceau de viande. Aussitôt commença entre eux une lutte acharnée. C'était à qui s'emparerait de la trouvaille. Dans la fureur du combat, les deux chiens tombèrent au fond du torrent. Alors survint un troisième qui prit tranquillement la viande et la mangea à la barbe des deux combattants entraînés par le courant de l'eau. Il en est de même des gens qui commencent des procès. Ils ne font jamais que les affaires des avocats. Pour avoir raison , il faut souvent payer très-cher, et, en définitive, on n'y trouve presque toujours que honte et confusion. Dès le moment où l'on entame un procès , on a déjà perdu la moitié de ce que l'on espère gagner. Car les avocats tiennent l'un à l'autre comme deux branches d'une paire de ciseaux ; elles se réunissent pour diviser ce qu'on place entre elles. De même ils vous coupent en deux et vous enlèvent le plus clair de ce qui fait l'objet de votre différend. Finissez-vous même par sortir victorieux de toutes les instances , qui vous dédommagera de votre temps perdu , de votre travail négligé , de l'altération apportée à votre santé par les soucis, par les inquiétudes, par les insomnies ?

Tel était l'avis de Pierre.

Mais l'hôte du *Tigre vert* ne songeait à rien moins qu'à lui demander conseil. Au contraire , il ne se passait pas une année qu'il ne s'engageât dans quelque nouveau débat judiciaire. C'étaient des frais d'avocats, d'avoués, d'actes de toute sorte , des dépenses de toute nature. Il fallait avoir constamment la bourse à la main. Mais il y a une fin à tout , excepté aux passions des hommes quand elles sont mal dirigées. Cependant il y en eut une aux richesses du *Tigre vert*. Il avait déjà succombé dans une infinité de procès dont chacun lui avait coûté des sommes considérables. Un dernier vint l'achever. Celui-là, il l'avait entamé avec une commune voisine, et l'objet en était (le croirait-on ?) un vieux chêne, qui, prétendait-il, appartenait à son champ, tandis que la partie adverse soutenait le contraire. Il le perdit comme il avait perdu les autres. Mais, en somme, le chêne lui coûta plus de deux mille francs. Or, il ne sut où trouver de quoi payer; car sa maison et ses champs étaient grevés d'hypothèques plus qu'on ne croyait. Comme il cherchait partout à lever de l'argent et qu'il ne pouvait en obtenir, ses créanciers commencèrent à devenir très-inquiets. Ils finirent bientôt par réclamer le payement de ce qu'il leur devait. Il ne lui resta donc qu'un parti à prendre, ce fut de faire l'abandon de tous ses biens. C'est ce qu'il fit, et ce fut là le résultat de sa funeste manie des procès.

Comme il avait toujours mal soigné ses champs, ils furent vendus à vil prix. Sa maison ne fut pas adjugée à un prix plus favorable; car la valeur en était considérablement diminuée depuis la désertion de l'ancienne clientèle de buveurs qui venaient naguère y dépenser leur argent à boire, à jouer et à danser. Celui qui en fit l'acquisition songea un instant à donner un nouvel élan au *Tigre vert* et à rappeler les buveurs égarés. Mais le *Tigre vert* avait usé ses pattes, et bientôt la maison fut forcée de fermer la porte. De manière qu'il ne restait plus dans le village qu'un seul cabaret celui du *Lion d'Or*; car les autres avaient déjà depuis longtemps cessé leur commerce de perdition, parce qu'il n'y avait plus rien à y gagner.

Alors quelques vieux paysans se prirent à secouer la tête, et ils dirent :

— Nous vivons dans des temps bien malheureux; car notre pauvre village est entièrement dégénéré. Autrefois, ce n'était pas trop de trois auberges et de six ou huit cabarets pour contenir tous les visiteurs. Aujourd'hui, c'est à peine si un seul peut trouver à vivre. En vérité, c'est un sujet de honte pour Valdor, car c'est une preuve évidente de la misère qui règne ici.

Pierre cependant n'était pas de cet avis. Car il leur répondit :

— Pas du tout, mes bons amis. Bien au contraire, j'espère moi, que dans peu Valdor sera plus prospère que jamais. J'ai beaucoup voyagé dans le monde, et j'ai vu un grand nombre de villages. Or, j'ai toujours trouvé le plus de misère dans ceux où il y avait le plus de cabarets, et le plus de bien-être dans ceux où l'on ne voyait parfois qu'une seule auberge destinée à abriter les voyageurs. Croyez-moi, ce n'est pas pour rien que les cabaretiers ont coutume de faire peindre sur leur enseigne l'image d'un animal carnassier ou d'un oiseau de proie, un lion, un aigle, un ours, un faucon ; car ils vivent de la chair et du sang de la commune. Parfois, ils y font sournoisement représenter une croix d'or ; mais cette figure signifie qu'en s'habituant à faire station chez eux, on s'accoutume à porter une croix d'affliction. Quelquefois même, ils y peignent par antiphrase un ange d'or ; mais cet ange est en réalité l'ange du mal qui fait des recrues pour les maisons de correction ou pour les dépôts de mendicité. Il nous reste encore un seul cabaret, et c'est déjà trop, selon moi. Celui qui ne peut pas aller dans les cabarets perdre son argent aux cartes, épargne de quoi payer un livre où il peut apprendre des choses utiles. Celui qui n'y peut pas aller acheter l'ivresse et la migraine, reste tranquillement dans sa maison et trouve une agréable distraction au milieu de sa femme et de ses enfants. Celui qui ne peut pas aller transformer une partie de son salaire en bierre et en genièvre, garde ses sous dans sa poche. Il est plus honorable d'avoir une seule bouteille dans sa propre cave que d'avoir un tonneau tout entier dans la cave du cabaret.

En entendant Pierre s'exprimer de la sorte, les vieux paysans secouèrent la tête ; car ils sentaient bien qu'il n'avait pas tort. Mais l'hôte du *Lion d'or* était loin de partager cet avis. Il ne put contenir sa rage lorsqu'il apprit que Pierre avait flétri le *Lion d'or* du nom d'animal carnassier. S'il avait pu lui faire un procès, il y aurait volontiers sacrifié une poignée d'écus. Mais, dans l'impossibilité où il était de lui intenter une action en dommages et intérêts, il se contenta de le menacer des dents et des ongles, menaces dont Pierre se borna à rire, laissant le lion furieux écumer, rugir et grincer tout à son aise.

CHAPITRE XVII.

Comment le clocher de l'église est frappé de la foudre.

Vers le même temps éclata, au milieu de la nuit, un orage épouvantable. Tout le ciel paraissait en feu. Le tonnerre grondait comme le bruit d'une grande bataille, et les maisons semblaient près de s'écrouler tant elles tremblaient aux détonations qui ébranlaient l'air coup sur coup et aux rafales furieuses du vent qui courbait jusqu'aux arbres les plus vigoureux.

Quand les gens de Valdor avaient passé l'année tout entière dans l'impiété et dans l'oubli de Dieu, ils se mettaient cependant à prier avec ferveur lorsqu'un orage éclatait, et ils témoignaient un profond repentir de leurs péchés. Mais aussitôt que le ciel s'était rasséréné, ils reprenaient leur ancien train de vie.

Il en fut de même cette fois... Ils priaient avec ardeur à deux genoux et les mains jointes.

Or, tout à coup, un craquement effroyable déchira l'air et une mer de flammes enveloppa l'église et le presbytère. La foudre était tombée sur les deux édifices contigus. Heureusement, elle n'y mit point le feu, n'atteignit personne, et cette dernière explosion termina l'orage.

Mais on remarqua, le lendemain, que le toit des deux bâtiments était rudement endommagé. Alors, les gens du village se dirent entre eux :

— C'est le gouvernement qui est la cause de ce malheur. Car, s'il n'avait pas défendu de sonner la cloche lorsque l'orage gronde, ce désastre nous aurait été épargné. En sonnant la cloche, on aurait aisément pu éloigner le tonnerre, et nous n'aurions pas à déplorer ce dommage qui va nous coûter beaucoup d'argent. Ces grands messieurs n'ont plus de religion, et nous voilà dans de beaux draps maintenant.

— Mes amis, leur répon lit Pierre, gardez-vous de nourrir de semblables idées et surtout de tenir un semblable langage. Ce n'est pas le gouvernement qui a attiré le feu du ciel sur l'église et sur le presbytère, mais c'est le coq de fer qui surmonte notre clocher. Car une des propriétés de la foudre est de suivre toujours l'eau ou les métaux et surtout de s'abattre sur les pointes métalliques. Dieu lui a donné cette propriété, afin que l'homme sût comment se préserver de la force destructive de ce fluide. Car, aussitôt que la foudre rencontre un conducteur de métal le long duquel elle puisse pénétrer jusque dans la terre, elle devient entièrement inoffensive.

Ayant dit ces mots, Pierre monta avec quelques-uns dans le clocher de l'église, et ils virent tous que la boule métallique, placée immédiatement au-dessous du coq, portait des traces évidentes du passage de la foudre. Celle-ci, en suivant la ligne des clous qui attachaient les ardoises du toit du clocher, de l'église et du presbytère, était descendue le long de la tige de fer qui servait à donner le mouvement à la sonnette de la maison curiale, et elle était allée se perdre dans une flaque d'eau qui se trouvait à côté de la porte d'entrée. Il était aisé de reconnaître la route que le feu avait suivie, rien qu'à voir les zigzags qu'il avait décrits sur les toits en oxydant les clous et en écaillant les ardoises.

— Comme les clochers des églises, reprit Pierre, se terminent par des flèches dans la construction desquelles il entre beaucoup de fer, il arrive fréquemment que la foudre les frappe. Or, un grand nombre de gens ayant été tués en sonnant la cloche pendant l'orage, le gouvernement a défendu cette sonnerie dangereuse, et en cela il a parfaitement bien fait.

C'est ainsi que Pierre parla aux gens de Valdor. Et, comme il s'aperçut qu'un grand nombre d'entre eux redoutaient plus qu'au-

paravant la foudre depuis qu'ils l'avaient vue descendre sur le
clocher de l'église et sur le presbytère, il eut pitié d'eux et leur dit :

— S'effrayer, et avoir peur d'un orage, c'est une faiblesse. **Car**
les orages sont une bénédiction que le bon Dieu envoie **aux**
champs ; ils servent à purifier l'air et à augmenter ainsi les éléments de fertilisation qui sont nécessaires à la terre. C'est pourquoi,
déposez toute crainte. Allez, fixez au sommet de votre maison
une pointe de fer d'un pied de haut, et attachez-y un fil du même
métal qui ait la grosseur d'une tige de plume et qui descende jusqu'à terre dans un lieu humide. De cette façon, vous frayerez une
route à la foudre et vous vous préserverez de tout danger, pourvu
que le fil de fer soit tout d'une pièce et que vous le garantissiez des
atteintes de la rouille ; cette machine s'appelle un paratonnerre.
Nous pourrions l'appeler un *paracrainie*, parce qu'elle empêche la
foudre de frapper nos maisons et d'y mettre le feu.

Pierre donna l'exemple au village, en plaçant sur la partie la
plus élevée de sa maison une tige de fer, à laquelle il attacha un
fil du même métal qu'il conduisit jusqu'à l'entrée d'un puits perdu.
De son côté, le meunier, qui, depuis longtemps, avait vu des paratonnerres dans la ville, en fit également adapter un à son moulin.
Beaucoup d'autres gens du village firent de même, et ils se rassu-
rèrent complètement contre les effets des orages futurs.

Mais d'autres, plus obstinés à cause de leur ignorance, se prirent à crier au scandale.

— N'est-ce pas, disaient-ils, insulter à Dieu que de vouloir lui
prescrire des lois ? Ne peut-il pas lancer la foudre où il veut ? Tous
ces paratonnerres n'empêcheront-ils pas les orages si nécessaires
à la fertilisation de nos champs ?

— Insensés que vous êtes ! leur répondit Pierre. Dieu promène
les orages sur les cimes des arbres des forêts aussi bien que sur
les plaines. Sa foudre fertilise le sol, soit qu'elle s'abatte sur le
sommet d'un chêne ou sur la pointe d'un paratonnerre, soit qu'elle
tombe dans la mer, dans un fleuve ou dans un lac. Mais il nous a
donné l'intelligence nécessaire pour nous prémunir contre les

désastres que peut produire ce présent inappréciable de sa bonté.
Le feu, qui nous procure la lumière et la chaleur, est sans doute
une chose bien précieuse pour l'homme; mais ce n'est pas lorsqu'il incendie nos maisons. C'est pourquoi Dieu nous a donné
l'eau pour éteindre le feu. A côté de toute cause de malheur, il a
placé un moyen pour le combattre, et c'est en cela que se mani-
feste toute l'étendue de sa sagesse et de sa miséricorde. Or, dites-
moi si c'est agir raisonnablement que de refuser d'employer le fer
pour détourner ou prévenir les effets nuisibles de la foudre,
alors que vous employez l'eau pour éteindre un incendie? Soyez
donc raisonnables. Acceptez avec gratitude les dons que Dieu vous
offre. En un mot, reconnaissez avec moi que repousser avec une
obstination aveugle les moyens que Dieu met à la disposition de
l'homme afin de pourvoir à sa conservation, c'est mépriser sa
bonté et insulter à sa toute-puissance, et convenez que celui qui
a le malheur d'offenser ainsi ce père si plein de générosité et de
miséricorde, mérite bien que le feu lui brûle sa maison ou que la
foudre l'atteigne.

Un grand nombre se rendirent à ce langage sensé. Mais d'autres,
les timides et les orgueilleux, tinrent ces paroles en mépris, et ils
refusèrent d'avouer qu'un maître d'école pût s'y entendre mieux
qu'eux-mêmes; car ils craignaient qu'on ne les prît pour des
ignorants, et ils voulaient cacher leur ignorance sous l'apparence
de la sagesse.

CHAPITRE XVIII.

Comment un mal peut souvent produire un bien.

Quelques jours après cet effroyable orage, un grand malheur arriva à Beaulieu, village voisin de Valdor. Un violent incendie éclata dans cette commune pendant que les gens étaient occupés à travailler aux champs. La nouvelle s'en répandit avec la rapidité de l'éclair, et de Valdor, ainsi que de tous les villages environnants, un grand nombre de personnes accoururent pour aider à éteindre le feu. Mais la flamme sévit avec une telle violence et se propagea avec une telle rapidité qu'en peu d'heures six habitations se trouvèrent réduites en cendres, et que plusieurs têtes de bétail, qu'on n'avait pu retirer des étables, y périrent. Ce désastre avait été causé par l'imprudence de deux enfants, qui avaient été laissés à la maison, pendant que leurs parents s'étaient rendus aux travaux des champs. Ils étaient entrés dans la cuisine; et, en jouant avec des allumettes, ils avaient mis le feu à un tas de bois.

Mais un malheur n'arrive jamais seul, dit le proverbe. Et ce fut cette fois le cas.

Le soir, quand les gens de Valdor rentrèrent au village, ils virent un grand nombre de femmes, de valets et de servantes attroupés devant la porte du *Tigre vert*. Quelques-unes d'entre les femmes essuyaient une larme qui roulait sur leurs joues; d'autres se répandaient en paroles de compassion; toutes avaient l'air triste et abattu. Dans la maison retentissaient des cris d'angoisse et de désespoir. Car la petite fille du *Tigre vert*, âgée de quatre ans à peine, avait péri d'une manière affreuse. Tombée dans la fosse à fumier qui s'ouvrait dans la cour près de l'étable, elle y avait misérablement trouvé la mort. Tout le monde chérissait la pauvre petite, qui était aimable et gentille autant qu'un enfant peut l'être. On l'appelait généralement l'ange du *Tigre vert*. Aussi, il n'était pas étonnant que chacun déplorât cette perte fatale et prématurée.

Deux jours après, lorsqu'on eut porté l'enfant au champ du repos, le curé alla trouver son ami Pierre et lui dit :

— Mon ami, de bonnes paroles sont fort louables; mais de bonnes actions sont infiniment plus louables encore. Il vaut mieux préserver quelqu'un d'un malheur que d'avoir à l'en consoler. Or, ils sont bien blâmables les gens qui, allant travailler aux champs, laissent leurs petits enfants à la maison sans aucune surveillance. Ils agissent contrairement à l'un des premiers devoirs de famille et peuvent donner lieu à de grands dangers pour eux-mêmes et pour les autres. Pourquoi ne fonderions-nous pas dans notre paroisse une école gardienne, comme on en a dans la plupart des villes? Un établissement de ce genre ne coûte pas beaucoup. Il épargne aux parents bien des soucis et des inquiétudes, lorsqu'ils sont forcés de s'éloigner de leur maison pour aller gagner leur salaire, et il sert à prévenir beaucoup de malheurs. Je désire ardemment y pourvoir, et suis prêt à payer les frais d'une école de cette espèce.

Pierre secoua légèrement la tête à ces paroles du vénérable vieillard. Il avoua qu'il n'avait jamais entendu parler de semblables écoles, et qu'il en avait moins encore vu de sa vie. Le curé s'en étonna beaucoup, et il expliqua à Pierre le but de ce genre d'institutions qu'on appelle aussi salles d'asile.

— Dans les écoles gardiennes, dit-il, les enfants qui ne sont pas encore en âge d'apprendre sérieusement, se trouvent confiés à la surveillance d'une femme qui est sage et intelligente. Elle prodigue à ces petits ses soins maternels durant toute la journée, pendant que leurs parents vaquent à leur travail; elle joue avec eux dans la chambre quand le temps est mauvais, ou en plein air quand le temps est beau; elle leur enseigne les prières; elle les habitue à la propreté et à l'obéissance; elle leur donne à manger ce que les parents ont envoyé pour eux le matin; enfin, elle les garde jusqu'au soir, c'est-à-dire jusqu'à l'heure où, le travail fini, les parents viennent les reprendre.

Pierre avait écouté le pasteur avec une grande attention. Mais il secoua de nouveau la tête, et dit :

— Monsieur le curé, les gens du village sont encore un peu grossiers pour comprendre les devoirs de famille. Beaucoup de parents s'inquiètent infiniment plus de leurs porcs, de leurs chèvres et de leurs vaches, que de leurs pauvres enfants. Je crains beaucoup que, lorsqu'ils sauront leurs enfants bien surveillés ailleurs, ils ne mettent plus de négligence encore à remplir les devoirs que Dieu et la nature leur imposent. D'un autre côté, je crois qu'il n'est pas bon de mettre ces jeunes créatures à apprendre avant l'âge de six ans; il y a du danger à cela. Jusqu'à cet âge, on doit s'appliquer uniquement à soigner leur santé et à fortifier leur constitution, afin de les préparer à la vie de travail, à laquelle leur condition sociale les obligera plus tard.

Le digne curé, sans nier complètement la valeur de ces objections, fit cependant cette question à Pierre :

— Croyez-vous que les parents puissent négliger leurs enfants et les devoirs qu'ils ont à remplir envers eux, lorsqu'ils les sauront placés sous une surveillance toute maternelle, plus encore qu'ils ne font aujourd'hui en les laissant abandonnés à eux-mêmes et exposés à mille dangers?

— Cela serait difficile, monsieur le curé, repartit Pierre en accompagnant ses paroles d'un sourire amer.

— Vous voyez donc, mon ami, que nous avons tout à gagner, reprit le pasteur. Au reste, pour ce qui concerne l'autre objection que vous me faisiez tout à l'heure, je vous dirai qu'il ne saurait être question d'enseigner à ces petites créatures à lire, à écrire, à calculer, ni à s'occuper des autres matières qui font l'objet de l'enseignement dans une école proprement dite. Il s'agit tout simplement de leur apprendre, par manière de jeu, toutes sortes de choses, les prières, les noms des objets, la division du temps, les devoirs des enfants envers Dieu, envers leurs parents, envers leur prochain, envers eux-mêmes ; de former leur cœur à tous les bons sentiments ; de préparer leur intelligence à recevoir plus tard une véritable instruction ; enfin, de fortifier leur constitution au moyen d'exercices appropriés à leur âge.

Le digne curé ajouta beaucoup d'autres arguments qui plaidaient en faveur des salles d'asile. Il cita plusieurs exemples d'écoles gardiennes qu'il avait vues lui-même. En un mot, il démontra d'une manière si claire et si évidente l'importance morale et hygiénique de ce genre d'institution, que Pierre se trouva entièrement de son avis et lui tendit la main en disant :

— Monsieur le curé, vous avez raison. Il faut absolument que nous établissions une école gardienne pour les enfants de Valdor.

Dès ce moment, Pierre se mit à réfléchir aux moyens de réaliser cette bonne idée. Il s'entendit avec Sébastien, l'un de ses meilleurs élèves, qui s'était marié depuis peu et dont la jeune femme se montrait disposée à prendre la direction de l'école gardienne, et à agir sous la surveillance et avec les conseils de Lisbeth et de son mari. Puis il s'adressa au nouveau propriétaire du *Tigre vert*, qui avait dans sa maison une grande salle où naguère se réunissaient, tous les dimanches, une soixantaine de buveurs et de joueurs de cartes et de dés, mais où plus personne ne mettait le pied ; cette salle s'ouvrait sur une vaste cour qui s'étendait derrière la maison et qui, enclose d'une haie et plantée d'arbres, semblait disposée tout exprès pour servir aux ébats des petits enfants. Enfin, il se concerta avec quelques-uns des membres de la minorité du conseil communal, avec les trente-quatre de la confédération des alchimistes, et avec quelques autres habitants du village.

De son côté, le curé ne resta pas inactif. Il seconda de toutes les manières les efforts que faisait Pierre pour arriver à l'exécution de leur projet commun. Tous deux ne faisaient qu'une ame et qu'un esprit ; car ils avaient l'un et l'autre le même but, c'est-à-dire le bien de leurs semblables.

Après que toutes les voies eurent été ainsi disposées avec sagesse et prudence, Pierre se présenta, un dimanche après midi, devant l'assemblée de la commune.

— Mes chers concitoyens, dit-il, il y a peu de semaines, l'incendie de Beaulieu nous a donné un terrible avertissement. Il nous a montré à quels dangers sont exposés les petits enfants qui ne sont pas encore en âge de fréquenter l'école et que leurs parents, en allant travailler aux champs, laissent à la maison seuls et privés de toute surveillance. Rappelez-vous, en outre, la mort déplorable que l'enfant de l'un de nos concitoyens a trouvée en tombant dans une fosse à fumier. Je pourrais vous citer un grand nombre d'exemples de malheurs semblables, et vous-mêmes vous en savez plus d'un sans doute. Or, pour prévenir le renouvellement de pareilles catastrophes, faisons ce que l'on fait dans d'autres localités. Là, les gens que leurs occupations dans la maison, dans les champs ou dans les fabriques, empêchent de surveiller eux-mêmes leurs enfants, les confient aux soins d'une personne intelligente de la commune. Cette personne leur sert à manger ce que leurs parents ont envoyé le matin pour eux. Elle les garde et les surveille, elle les soigne et les amuse, elle leur apprend à prier, elle joue avec eux et les tient propres, comme si elle était leur mère à tous. Ils restent ainsi chez elle jusqu'au soir, et les parents viennent alors les reprendre.

Pierre fit si bien comprendre les avantages qu'une école gardienne procure aux parents de la classe ouvrière, que sa proposition trouva chez beaucoup de gens un accueil favorable. Ce qui plut surtout à un grand nombre d'entre eux, c'est que cette école ne leur coûtait rien, si ce n'est le manger qu'ils donnaient à leurs enfants ; car le vénérable curé s'était chargé de payer le loyer de la salle et de la cour du *Tigre vert*. La jeune femme de Sébastien était prête à donner tous ses soins à l'établissement moyennant un léger salaire que la confédération des trente-quatre s'offrit à couvrir au moyen d'une cotisation. Du reste, on ne voulait commencer la chose qu'à titre d'essai, sauf à y donner plus de développement lorsque tout le monde aurait reconnu les avantages de l'institution.

Le curé ajouta quelques paroles onctueuses et profondément

senties à celles que Pierre venait de prononcer. Enfin, il termina son allocution par ces mots :

— Les enfants sont la bénédiction de la famille. C'est en eux que vous survivez à vous-mêmes parmi les hommes. Ce sont eux qui continuent parmi les vivants, lorsque vous n'êtes plus, le nom que vous avez porté et la carrière d'honneur, de vertu et de probité que vous avez parcourue. Préparez-les donc à devenir de bons chrétiens, afin que Dieu vous aime en eux ; des hommes utiles, afin que la société vous sache gré de les avoir donnés au monde ; et des citoyens dévoués, afin que la patrie vous témoigne sa reconnaissance en les remerciant de l'avoir servie et défendue. Les enfants, mes amis, sont comme la graine d'où sort l'arbre. Si la graine est bonne, l'arbre sera bon et les fruits qu'il portera seront bons aussi. C'est pourquoi le Sauveur disait à ses disciples: « Laissez venir à moi les petits enfants, et ne les éloignez pas. »

Ces paroles achevèrent ce que Pierre avait si bien commencé. La cause de l'école gardienne était gagnée ; car un grand nombre de gens se prirent à dire :

— Tout cela est parfaitement vrai. Nous faisons surveiller dans les pâturages nos chèvres, nos bœufs et nos moutons, de crainte qu'il ne leur arrive quelque malheur, et nous laissons nos pauvres petits enfants abandonnés à eux-mêmes et exposés à mille dangers pendant notre absence. Nous sommes bien coupables, et il faut que cela cesse.

L'érection d'une école gardienne étant ainsi résolue, tous les gens de la commune furent prévenus que celui qui voulait y faire admettre ses enfants eût à s'adresser à Sébastien, à fournir pour chacun de ses petits un certificat de vaccine et à faire inscrire sur le registre spécial de l'établissement leur nom, leurs prénoms, leur âge et l'indication de leur domicile.

Pendant les premières semaines, le nombre des enfants qui entrèrent à la salle d'asile fut assez restreint. Mais l'exemple des uns ne tarda pas à entraîner les autres ; même les familles les plus aisées du village n'hésitèrent point à y envoyer leurs petits. De sorte que la femme de Sébastien fut bientôt forcée de s'adjoindre plusieurs aides qui s'offrirent volontairement à l'assister à tour de rôle. Pierre et Lisbeth consacrèrent aussi leurs soins à l'organisation de l'école. Enfin, le bon curé et plusieurs honnêtes pères de famille y prirent une part également active. Aussi, au bout de peu de semaines, tout y marchait à merveille.

Dans le principe, beaucoup de mères y allèrent par curiosité pour voir la joyeuse vie que les enfants menaient dans l'école gardienne, et elles ne purent se lasser de louer et de vanter cette précieuse institution.

En effet, c'était un spectacle charmant à voir que le folâtre pêle-mêle de ces enfants, dont les uns jouaient, sautillaient ou babillaient ensemble, et dont les autres faisaient leur petit repas ou prêtaient l'oreille aux histoires que la femme de Sébastien ou l'une de ses assistantes leur racontait.

A un signal que la directrice de l'école donnait au moyen d'une sonnette, tout ce tumulte faisait silence et tous les enfants se disposaient en deux lignes par rang de taille, les petits garçons d'un côté et les petites filles de l'autre. Ensuite deux assistantes lavaient avec une serviette mouillée les mains et le visage de ceux qui s'étaient salis en jouant. Puis, à un nouveau signal, les deux lignes se mettaient en mouvement et s'avançaient, en marquant le pas, vers la salle, où, se rompant en sections de huit enfants, elles s'échelonnaient sur les bancs d'un amphithéâtre, dont un côté était assigné aux filles et l'autre aux garçons.

Les parois de la salle étaient ornées de deux séries de gravures coloriées, dont l'une représentait les scènes les plus importantes de l'histoire sainte et particulièrement celles de la vie du Sauveur, et dont l'autre figurait toute sorte de meubles, d'ustensiles et d'outils, les différentes espèces de fleurs, de fruits, d'arbres et d'animaux, avec le nom de chacun d'eux, enfin, les travaux des principales industries et des principales professions, et plus spécialement ceux de la vie des champs. Cet ameublement était complété par un crucifix, par une image de la Vierge portant l'enfant Jésus, par un grand cadran d'horloge qui servait à enseigner aux

enfants la division du temps, par un abaque ou boulier au moyen
duquel on leur apprenait à compter jusqu'à mille, et par une
planche noire sur laquelle on inscrivait, chaque samedi, les noms
de ceux qui s'étaient plus particulièrement distingués, pendant
la semaine, par leur docilité, par leur sagesse et par le zèle qu'ils
avaient mis à dire leurs prières.

Les enfants étant montés sur l'estrade, chacun à sa place, la
directrice faisait le signe de la croix et récitait lentement et à
haute voix l'Oraison dominicale et la Salutation angélique. Tous
les petits se signaient à son exemple et priaient avec elle. Puis,
elle les faisait s'asseoir ; et, leur montrant une image, leur racontait en un langage simple et intelligible quelque épisode de l'Histoire sainte, ou leur enseignait le nom d'un végétal et l'usage que
l'homme en peut faire ; le nom d'un animal, ses habitudes et les
services qu'il rend ; le nom d'un outil ou d'un instrument et la
manière dont l'ouvrier s'en sert pour son travail. De cette façon,
ils apprenaient, en s'amusant, beaucoup de choses utiles, leur intelligence se formait, et ils acquéraient de la facilité à s'exprimer.
Aussi écoutaient-ils avec une grande attention et une vive curiosité tous les récits touchants qu'on leur faisait de l'Histoire sainte,
tout ce qu'on leur disait des trois règnes de la nature et des diverses
industries de l'homme.

La jeune femme de Sébastien était on ne peut plus ingénieuse à
varier son enseignement, sans fatiguer l'intelligence de ses petits
élèves. Parfois, elle leur montrait soit une feuille de papier, soit
un autre objet, et elle leur demandait :

— Cet objet croît-il dans les champs ?

A cette question, tous les enfants levaient la main pour demander à répondre. Puis elle en désignait un au hasard, qui disait
aussitôt :

— Non, c'est une feuille de papier. Le papier ne croît pas dans
les champs. C'est l'homme qui fait le papier.

Alors elle leur apprenait comment on se sert de vieux chiffons de linge pour en faire du papier, comment le lin croît dans les champs, comment on le prépare pour le filer et tisser de la toile, et comment, après avoir servi à faire des vêtements, des draps de lit, des rideaux, des essuie-mains, des serviettes ou des nappes, il est encore utilisé par l'homme qui le transforme en papier.

Elle procédait de même pour leur faire connaître toute sorte d'autres objets, et elle intéressait constamment son jeune auditoire.

Parfois, elle leur faisait chanter de petites chansons qu'elle leur avait apprises, et dont les paroles, adaptées à leur jeune intelligence, renfermaient toujours une moralité facile à saisir et destinée à former leur cœur à la vertu et à tous les bons sentiments.

Les gens de Valdor ne purent assez s'émerveiller du changement qui s'opérait presque à vue d'œil dans leurs petits enfants ; car jamais ils ne les voyaient malades ou de mauvaise humeur, indociles ou malpropres ; au contraire, ils ne les avaient jamais trouvés aussi bien portants, aussi soumis, aussi gais, aussi soigneux de leur propreté.

L'école gardienne avait donc fourni ses preuves. Aussi fut-elle maintenue par acclamation, après que se fut écoulé le temps qu'on avait fixé d'abord pour faire un essai de cette institution. La commune fixa un traitement définitif pour la directrice et pour ses assistantes, et les principales familles se cotisèrent pour faire face aux autres dépenses, le bon curé voulant rester chargé de payer seul le loyer de la maison où cette œuvre excellente se trouvait établie.

Beaulieu et d'autres villages voisins ne tardèrent pas à imiter l'exemple donné par les habitants de Valdor, et chacun d'eux eut bientôt son école gardienne, organisée à l'instar de celle que la femme de Sébastien dirigeait avec tant d'intelligence, de zèle et de dévouement.

Il fallait ainsi que l'incendie de Beaulieu et la mort de la petite fille du *Tigre vert* inspirassent l'idée de fonder des salles d'asile. Et de cette manière se vérifia le dicton populaire d'après lequel un mal peut souvent produire un bien.

CHAPITRE XIX.

Ce qu'on dit des gens de Valdor dans le pays.

Dans la ville et dans les villages voisins circulaient toute sorte de propos sur les gens de Valdor. On les avait toujours traités jusqu'alors d'hommes grossiers, de fainéants, d'ivrognes, de mauvais sujets et de faiseurs de dettes, à qui l'on ne pouvait confier le moindre petit sou. Et maintenant on s'étonnait de voir que leur village était loin de témoigner de leur misère. Car leurs maisons étaient reluisantes de propreté; leurs potagers, leurs jardins et leurs champs étaient cultivés avec le plus grand soin, et les rues entretenues dans un état parfait. Tout avait à Valdor un air de gaîté qu'on eût vainement cherché dans les villages les plus riches. Pendant l'été, on voyait les hommes, les femmes et les enfants aller aux champs dès le lever du jour. Les uns y transportaient le fumier ou le répandaient sur le sol; d'autres arrachaient les mauvaises herbes. Ils étaient occupés sans relâche, et c'était plaisir de les voir travailler. On n'en aurait pas trouvé un seul qui reculât devant la besogne. Aussi, quand on avait besoin d'ouvriers dans la ville, on demandait de préférence des gens de Valdor. Les bourgeoises qui allaient faire leurs provisions de ménage au marché, aimaient mieux se fournir chez les femmes de Valdor que chez d'autres; car elles étaient toujours très-proprement mises et lavées avec soin, ce qui engageait à acheter de leur beurre, de leur fromage, de leurs légumes, de leurs fruits, de leur fil et des autres objets qu'elles portaient à la ville.

On savait que les gens de Valdor n'étaient pas riches. Mais ils payaient régulièrement au jour fixé ce qu'ils devaient; et, ce qui était tout à fait extraordinaire, quelques-uns avaient même placé de petites sommes à intérêt dans la ville. Par là ils obtinrent bon crédit chez les marchands, et gagnèrent la confiance des capitalistes. Quand le digne curé ou Pierre répondaient d'un des gens de Valdor, on aimait mieux lui prêter de l'argent qu'à un homme d'un autre village, et même on lui prêtait à un intérêt moins élevé, parce qu'on savait d'avance que le placement était sûr et que l'intérêt serait payé avec la plus grande ponctualité. Ce fut là évidemment une source d'avantages considérables pour les gens de Valdor. Car ils purent rembourser les capitaux qu'ils avaient empruntés à gros intérêt, et lever de l'argent à un intérêt très-modéré.

On portait toute sorte de jugements sur le village. On convenait à la vérité qu'il y avait un curé plein de dévouement pour ses ouailles, et un excellent instituteur. Mais ce qu'on y voyait, restait cependant une énigme pour un grand nombre de personnes. Car un curé et un instituteur, disait-on, ne peuvent pas tout faire, et il y en avait ailleurs qui valaient ceux de Valdor. Cela donnait énormément à réfléchir, et on s'en préoccupait de la manière la plus diverse. Les paysans des villages voisins n'y comprenaient rien, et quelques-uns allaient jusqu'à dire ouvertement qu'il y avait du mystère là-dessous. Ils avaient entendu dire que Pierre savait faire de l'or, et ils prétendaient qu'il enseignait cet art à l'un et à l'autre dans la commune. C'en était assez pour que plusieurs donnassent, en plaisantant, le sobriquet d'alchimistes aux gens de Valdor.

En effet, il y avait lieu de s'étonner de la quantité prodigieuse d'objets divers qu'ils portaient au marché. Personne ne pouvait comprendre d'où ils les tiraient. Leurs légumes, leurs fruits, leur lin, leur chanvre, tout était d'excellente qualité; même les enfants faisaient commerce des plus belles fleurs de chaque saison, et ils en vendaient dans la ville des bouquets superbes. De miel et de cire, Valdor en produisait beaucoup plus que n'en fournissaient plusieurs autres communes ensemble. On savait fort bien que dans le village il n'y avait personne qui possédât de grands capitaux, et que beaucoup de familles n'avaient qu'une couple de vaches et de chèvres. Et cependant ceux qui ne possédaient qu'une seule vache portaient parfois au marché une énorme quantité de fromages et de grands blocs du meilleur beurre. Aussi se deman-

dait-on comment une seule vache pouvait donner tant de beurre
et de fromage. C'était un fait réellement inexplicable. On ne s'expliquait pas mieux comment Valdor produisait, en été, tant de
belles fraises et de succulentes cerises ; et, en automne, tant de
délicats raisins et de pommes ou de poires des plus fines espèces.
Par quels moyens les gens étaient-ils parvenus, en si peu d'années, à opérer ces merveilles?

Parfois les habitants de Valdor ne purent s'empêcher de rire en
eux-mêmes, quand ils entendaient appeler leur village le village
des alchimistes. Car Pierre s'entendait parfaitement à l'art de cultiver les arbres fruitiers. Quand il apprenait que l'un ou l'autre
monsieur de la ville avait dans son jardin de bonnes espèces de
fruits, il s'empressait d'aller demander quelques rameaux des différents arbres qui les produisaient, et on se faisait un plaisir de
les lui donner. Il les apportait au village, où il avait appris à quelques-uns de ses élèves l'art de la greffe qu'ils pratiquaient avec
autant d'habileté que les meilleurs jardiniers. L'année suivante,
chacun sollicitait à son tour des rameaux des espèces nouvelle-
ment introduites, et l'on greffait que c'était un charme à voir.
Beaucoup de villageois avaient cherché dans la forêt une quantité
de jeunes sauvageons, et les avaient ennoblis de cette manière.
D'autres avaient gagné des pieds par semis, et établi des écoles
d'arbres fruitiers. C'était à qui ferait mieux que son voisin et
produirait de plus riches résultats.

Or, dans la ville on comprenait très-bien que les gens de Valdor
obtinssent chaque année de plus beaux fruits et des récoltes plus
abondantes qui leur donnaient, dans les bonnes saisons, un no-
table revenu ; il ne fallait pas être sorcier pour cela. Mais avoir
peu de bestiaux et faire cependant une grande quantité de fromages et de beurre, c'était là un tour de maître dont on avait de
la peine à se rendre compte.

Ce tour de maître, Pierre l'avait vu pratiquer quelque part dans
un village, pendant qu'il servait dans l'armée, et il l'avait introduit à Valdor. Il était tout à fait singulier. Dans le principe, les
gens ne voulaient pas croire qu'il fût possible ; mais peu à peu,
forcés de se rendre à l'évidence, ils reconnurent les énormes

avantages qui devaient en résulter, et ils surent gré à Pierre de le leur avoir fait connaître.

Voici en quoi ce tour consistait.

Pierre commença par faire sa ronde chez ceux d'entre les trente-quatre confédérés qui avaient des vaches, et il leur dit :

— Vous tirez peu de profit de vos vaches. Il faut que chacune d'elles vous rapporte, bon an mal an, au moins quatre à cinq cents francs argent comptant. Si vous voulez suivre mes conseils, vous gagnerez cela. Mais commencez par recruter quelques autres de vos voisins qui possèdent aussi des vaches ; car il faut que nous ayons au moins quarante à cinquante bêtes ensemble pour bien exploiter notre affaire. Alors nous pourrons marcher.

Quand les quarante ou cinquante vaches furent trouvées, Pierre dit :

— Maintenant la chose ira comme sur des roulettes.

Il connaissait un vacher, homme probe et honnête, qui s'entendait en maître à l'art de faire du beurre et du fromage. Il lui assura un salaire de trois cents francs par an, lui fournit, aux frais de la caisse commune, tous les ustensiles nécessaires, et lui adjoignit trois surveillants désignés, pour une année, parmi les membres de l'association elle-même, par ceux qui en faisaient partie.

La maison du *Tigre vert* semblait faite tout exprès pour l'établissement d'une fromagerie. Il s'y trouvait une cave très-fraîche et qui convenait merveilleusement pour la conservation du lait, et une autre cave plus spacieuse, qui communiquait avec une vaste buanderie. Le nouveau propriétaire de la maison fournit à l'association toute la place qu'il fallait ; car possédant cinq vaches, il voulait expérimenter le système proposé par Pierre, et voir ce qui en résulterait. Toutes ces dispositions prises, Pierre fixa le jour où chacun des associés devait apporter son lait à la fromagerie dans des vases lavés avec le plus grand soin. La propreté était telle-

ment de rigueur, que, si les vases n'étaient pas parfaitement
écurés, le lait était refusé net.

Le vacher mesurait le lait et marquait dans un petit livret, à
côté du nom de chaque associé, combien il en avait fourni. Chaque
famille versait ainsi tous les matins et tous les soirs le lait produit
par ses vaches. Il était défendu sous des peines sévères d'en apporter qui fût donné par des vaches étrangères.

Tout le lait d'une journée était immédiatement transformé en
beurre et en fromage. Il en résultait des blocs gras et superbes à
voir, et, en outre, une quantité de petit-lait qui constituait, pendant l'été, une boisson saine et rafraîchissante.

Maintenant vous demanderez :

— A qui appartenait cette masse de beurre et de fromage?

Car chaque jour en produisait une quantité égale, au moyen du
lait de toutes les vaches réunies, et chacun aurait bien voulu l'a-
voir pour la porter au marché de la ville.

Voici comment la répartition en fut organisée.

Tout ce que le lait d'une journée fournissait en beurre, en fromage, en lait battu et en petit-lait, était donné à un seul des associés, notamment à celui à qui la fromagerie devait le plus de lait.
Evidemment, ceux qui obtinrent les premiers le produit de la
fabrication, reçurent beaucoup au delà de ce que leur lait avait
pu produire; car leur lot provenait du lait de tous les participants
réunis. Mais par cela même ils étaient devenus les débiteurs de
la société pour une quantité de lait égale à celle dont le produit équivalait à ce qu'ils avaient reçu de trop. Or, le lait qu'ils
apportaient chaque jour était porté en déduction de la quantité
qu'ils devaient à la masse, jusqu'à ce que leur dette se trouvât
entièrement éteinte, et qu'ils fussent devenus derechef créanciers
de la fromagerie. Alors ils recevaient de nouveau le produit de la
fabrication d'une journée.

7

On le voit, d'après cette organisation, même celui qui ne possédait qu'une seule vache et qui ne pouvait, par conséquent, fournir qu'une petite quantité de lait chaque jour, finissait cependant, par avoir, après un certain nombre de jours, un apport assez considérable pour avoir droit au résultat d'une fabrication entière, et pour recevoir en une seule fois le produit de son travail, c'est-à-dire jusqu'à cent cinquante livres de beurre et de fromage.

Chacun avait le droit d'emporter son beurre le jour même où il était fait. Il avait droit aussi au lait battu et au petit-lait. Mais on laissait les fromages dans la cave jusqu'à ce qu'ils fussent devenus convenablement solides et mûrs. Celui à qui le produit d'une journée était assigné devait, ce jour-là, assister le vacher dans son travail, et lui fournir le linge et les serviettes propres dont il avait besoin.

Dans le principe, les gens de Valdor ne purent se rendre compte des avantages de ce système. Quelques-uns des associés crurent même qu'ils y perdraient. Mais, en comparant la quantité de beurre et de fromage qu'ils avaient reçue avec la quantité de lait qu'ils avaient fournie, ils se félicitèrent des admirables résultats de cette nouvelle organisation. Car, dès la fin de la première année, ils reconnurent que la moyenne du bénéfice qu'ils avaient fait par vache, s'élevait à plus de quatre cents francs. Et c'était là, il faut en convenir, un excellent intérêt.

On ne tarda guère à comprendre comment cela se faisait; car on se mit à raisonner la chose. On savait que le lait fraîchement trait donne une plus grande quantité et une meilleure qualité de beurre. Or, un seul ménage n'ayant pas assez de lait pour le mettre dans la baratte chaque jour, il fallait naguère attendre qu'il y en eût suffisamment pour procéder au battage, et, par conséquent, lui laisser perdre une partie de ses qualités essentielles. Ensuite, on faisait si peu de cas du lait, qu'il s'en perdait par jour plus d'une petite mesure qu'on plaçait maintenant à gros intérêts à la fromagerie. Enfin, on ne prenait pas le temps nécessaire pour faire des fromages, et chacun usait une plus grande quantité de bois pour la cuisson, qui, se faisant maintenant en commun, coûtait beaucoup moins.

Il est vrai qu'au commencement quelques-uns des associés tentèrent de donner à leur lait ce qu'on appelle un baptême d'eau. Mais Pierre s'en aperçut, et il ne tarda pas à établir contre l'administration de cette sorte de baptême des lois tellement sévères, que personne ne s'avisa plus de recourir à une frauduleuse falsification pour augmenter son apport, ni de risquer de voir son lait confisqué et d'être lui-même exclu de l'association.

Cependant, cette organisation produisit encore un autre résultat auquel personne n'avait songé auparavant. Car, mû par le désir d'apporter beaucoup de lait pour obtenir en retour une quantité proportionnée de beurre et de fromage, chacun soignait mieux ses vaches qu'il n'avait fait jusqu'alors. On cultiva mieux les fourrages; on donna la préférence à ceux qui produisent beaucoup de lait; enfin, on rechercha les meilleures races de vaches, ou celui qui n'en avait tenu qu'une seule, en plaça deux dans son étable. Et, comme chacun était intéressé à ce que personne n'apportât à la fromagerie du lait d'une vache qui fût atteinte de maladie ou qui eût récemment vêlé, l'association conféra à trois de ses membres le droit de visiter en tout temps les étables, et l'obligation d'y faire une tournée régulièrement tous les six mois. C'est ainsi qu'on tenait un œil vigilant sur la santé du bétail.

CHAPITRE XX.

Du nouvel échevin et de l'hôte du Lion d'or.

— Parbleu ! il faut en convenir, ce Pierre est un véritable sorcier, disaient en riant les gens de Valdor chaque fois qu'il avait mis en avant un nouveau projet et que ce projet avait réussi.

A la vérité, tout lui réussissait ; car il n'entreprenait aucune chose avant d'y avoir longuement et mûrement réfléchi. Il ne précipitait rien, et n'avait garde de vouloir sauter par-dessus sa tête. Au contraire, il ne mettait jamais la main à un projet qu'il ne fût capable d'exécuter et de mener à bonne fin, et il ne prenait sur ses épaules que le fardeau qu'il pouvait porter.

On aurait bien pu croire que Pierre et Lisbeth devaient être accablés de besogne. Cependant il n'en était point ainsi ; car le brave instituteur, en mettant une chose en train, s'arrangeait toujours de manière que d'autres gens pussent faire une partie du travail. Même dans son école, il n'avait plus à supporter seul les fatigues de l'enseignement. Depuis plusieurs années, il s'était appliqué à donner une instruction particulière à un honnête enfant du village, et l'avait initié peu à peu à la pratique des bonnes méthodes. Comme Sébastien (car c'est de lui qu'il s'agit ici) manifestait un goût décidé pour la carrière de l'enseignement, Pierre avait obtenu de la commune que son jeune protégé fût nommé sous-instituteur ; il l'avait pris dans sa maison en commençant par lui donner le logement et la nourriture. Sébastien justifiait, par son zèle, par sa conduite et par son dévouement, l'affection et l'estime que son digne maître lui portait. Il était aimé et respecté des enfants ; car il était doux et affable pour eux. Il leur donnait en toutes choses de bons exemples, et, grâce au soin assidu qu'il mettait à les instruire, ils faisaient chaque jour de nouveaux progrès dans la vertu et dans la science.

Aussi, lorsque Pierre se fut bien assuré que Sébastien était tout à fait capable de remplir les fonctions d'instituteur, il le fit proposer par la commune au choix du gouvernement pour cet emploi; il obtint en même temps qu'on lui allouât un honnête traitement et qu'un logement convenable lui fût assigné. C'était un heureux de plus qu'il avait fait; car Sébastien, ayant dès lors une position assurée, n'avait pas tardé à se marier avec la fille d'un brave cultivateur qui faisait partie de l'association des trente-quatre. Nous avons vu comment la jeune femme du nouvel instituteur fut placée à la tête de l'école gardienne.

Cependant, depuis que le digne Sébastien se trouvait installé dans l'école, Pierre passait rarement un jour sans y faire une visite pour encourager son ancien disciple par sa présence, et les enfants par quelque bonne parole; car la commune tenait à le voir continuer d'y exercer une surveillance aussi fructueuse pour le maître que pour les élèves.

Le reste du temps, il l'employait à surveiller ses affaires et les registres de la caisse d'épargne, et à regarder à droite et à gauche ce qui se passait dans les champs, dans les vergers, dans les potagers, dans les jardins, à l'école gardienne et à la fromagerie. Il ne revenait jamais de ces visites sans éprouver une vive satisfaction; car il s'apercevait que tout changeait à vue d'œil dans le village.

En réalité, il fallait voir comment des gens, qui naguère encore étaient misérables et livrés à tous les vices, se relevaient aux yeux de Dieu et d'eux-mêmes, et se libéraient peu à peu de leurs dettes, en même temps que leurs maisons prenaient un air de gaieté et de bien-être; et comment, au contraire, des hommes, qui auparavant s'étaient trouvés dans l'aisance, mais qui persévéraient dans leurs anciennes habitudes, s'appauvrissaient par degrés, parce qu'ils négligeaient leurs affaires et qu'ils dépensaient leur avoir à boire, à jouer et à se livrer à des procès ruineux.

Les trente-quatre associés de Pierre étaient toujours sur pied, prêts à marcher en avant, chaque fois qu'il parlait de réaliser quelque nouveau projet. Leur exemple fructifiait autour d'eux et excitait un grand nombre de leurs voisins à les imiter. De leur côté, les jeunes gens, que Pierre continuait à instruire dans son école dominicale, et les jeunes filles, à qui Lisbeth enseignait tous les travaux d'une bonne ménagère, ne concouraient pas médiocrement à aider leurs parents.

Malheureusement il y en avait d'autres qui étaient et qui restaient incorrigibles.

A la tête de ceux-là, se trouvait maître Jacques du *Lion d'or*. Il était un ennemi juré de toutes les nouvelles institutions. Il maugréait sans relâche contre les novateurs, et disait que par eux la religion s'en allait, qu'il fallait mettre un frein à ces enragés, et que le train des choses qu'on voyait ne pouvait plus durer. Mais le digne curé, qui allait souvent le visiter, le tenait constamment en bride et l'empêchait ainsi de faire beaucoup de mal. Il arriva, en outre, que maître Jacques perdit un matin son principal appui, le deuxième échevin de Valdor. Celui-ci, voyant depuis longtemps dépérir son cabaret faute d'amateurs de bierre et de genièvre, avait fini par demander à la boisson des consolations et l'oubli du chagrin que lui causait la perspective d'une ruine imminente. Il s'était consolé tant et si bien, qu'il n'avait plus passé un jour sans être pris d'ivresse. Ces consolations lui avaient coûté cher; car une grande partie de son bien y avait passé. Pour réparer cette brèche, il s'était avisé un jour, dans un moment fort peu lucide, de demander secours à la loterie. Mais la loterie lui était devenue un autre gouffre qui avala tout ce qui lui restait. Alors il s'était trouvé sur le pavé, et ses créanciers eurent la cruauté de ne pas même lui acheter une besace.

Dans ces entrefaites, le moment était venu où il fallait procéder à la réélection d'une partie du collége communal. Or, il y avait deux partis en présence. Les grigoux voulaient donner leurs suffrages à un ou deux de leurs pareils, dont ils étaient les débiteurs. Les autres ne voulaient pas de ces candidats. Bref, ce n'était que luttes, querelles et divisions. Quelques-uns consultèrent à ce sujet le brave curé, lorsqu'il venait les visiter selon son habitude. Il répondit aux uns :

— Je suis fort étonné qu'aucun de vous n'ait encore songé au digne citoyen qui vous a déjà rendu tant de services et qui se distingue tant par sa sagesse, par son humanité et par son dévouement pour vous. Je veux parler de Pierre. Si vous le nommiez, vous auriez à la tête du conseil l'homme qu'il vous faut. Vous le savez, il n'est pas de ceux qui ambitionnent les positions honorifiques. Mais c'est précisément pour cela que nous devons aller le chercher nous-mêmes. Car ceux qui briguent les honneurs et qui intriguent pour supplanter les autres, ont communément des vues cachées et égoïstes. Ils sont poussés par l'orgueil et par l'ambition, et ce n'est pas du bien-être de la commune qu'ils se préoccupent. Ils n'ont qu'un but, c'est de satisfaire leur vanité et leur amour-propre.

Il disait aux autres :

— Il est bon que l'on choisisse pour chef de l'administration de la commune un homme qui soit dans l'aisance ; mais la principale vertu gît moins dans la richesse que dans le désintéressement. Malheur à la commune qui se donne pour chef celui qui est le créancier de la plupart des habitants ! Car ils le constituent maître et juge de ses intérêts personnels ; et, par leur propre folie, ils deviennent les esclaves d'un tyran de village, le pire des tyrans. Ils feraient beaucoup mieux de choisir celui-là qui est capable de tenir dans les bornes le créancier sans pitié et le riche oppresseur.

Il y en avait à qui il disait :

— Une bonne tête, c'est beaucoup ; mais un cœur guidé par la sagesse vaut infiniment mieux. C'est pourquoi faites-vous avant tout cette question-ci : « Cet homme est-il foncièrement honnête et animé du désir de faire le bien ? » Demandez-vous ensuite s'il a assez d'intelligence et s'il n'est pas le débiteur de quelque riche créancier. Il faut, avant tout, que le chef d'une commune soit indépendant, sinon les affaires de ses subordonnés sont gérées, non par lui, mais par son créancier qu'il est forcé de ménager, parce qu'il le craint.

Il ajoutait encore :

— Vous ne pouvez pas vous tromper, si vous cherchez sincerement l'homme le plus digne. Songez seulement à ceci : quel est celui à qui, sur votre lit de mort, vous voudriez confier le soin de gérer les biens de votre veuve et de vos enfants, avec la conviction qu'il prendrait à cœur les intérêts et le bonheur des vôtres ? Eh bien, cet homme-là, placez-le à la tête de la commune. Dans une localité où la majorité des membres de l'administration est composée de gens qui sont de bonne volonté, qui ont un cœur droit et qui ont horreur de l'injustice, on trouve aisément bon conseil en toutes choses. Une seule tête intelligente suffit. Trois têtes intelligentes, sans un cœur droit, auraient de la peine à s'accorder ensemble. Car l'un prétend mieux s'entendre aux affaires que l'autre, et de cette manière la discorde s'établit entre eux et elle se propage dans la commune. Dites-moi qui est le meilleur père pour ses enfants ? N'est-ce pas celui qui les aime sans faiblesse, et qui sait maintenir parmi eux l'obéissance et la discipline sans employer des moyens durs et rigoureux ? Ou bien encore qui est le meilleur chef de maison ? N'est-ce pas celui que sa maison sert le plus volontiers et avec le plus de dévouement et de respect ? N'est-ce pas celui qui l'organise et la dirige le mieux sans bruit, sans querelles, sans colère, et comme si tout y allait de soi-même ? Eh bien, faites de cet homme-là le père et le chef de la commune.

C'est ainsi que parlait le digne curé ; et, après avoir pesé ses paroles, un grand nombre de gens se trouvaient parfaitement d'accord avec lui. Aussi, quand le jour des élections fut venu, l'opinion générale n'avait presque plus besoin de s'exprimer pour se faire connaître. Une grande majorité s'était formée en faveur de deux hommes estimés pour leur probité et pour l'indépendance de leur caractère. En vain l'hôte du *Lion d'or* mit-il tout en œuvre pour combattre leur candidature. Il ne négligea rien pour les faire échouer, ni la calomnie, ni le mensonge, ni aucun de ces moyens odieux et vils auxquels les passions et l'égoïsme des ambitions vulgaires ne nous ont que trop habitués. A l'un, il représentait les candidats comme des hommes dangereux, qui visaient au renversement de la religion, des mœurs, de la société, et qui voulaient en venir à l'abolition de la propriété et de la famille, à la communauté des femmes, et à toute sorte d'horreurs non moins abominables. A l'autre, il insinuait qu'ils voulaient supprimer la constitution et rétablir l'inquisition, la féodalité, la dîme et les droits seigneuriaux. Mais de ces mensonges et de ces calomnies chacun riait à part soi; car maître Jacques ne parlait pas à des niais, et il y perdit ses frais d'éloquence et d'astuce électorales. En effet, au premier tour de scrutin, Pierre obtint les sept huitièmes des voix; et, au second, le nom de son beau-père le meunier fut proclamé à une majorité presque aussi considérable.

En constatant le résultat de cette double élection, l'hôte du *Lion d'or* sentit un frisson parcourir tous ses membres. Il devint jaune, bleu, vert, comme un homme frappé d'apoplexie. Il ne commença à respirer qu'en entendant le meunier déclarer qu'il n'acceptait point les fonctions de membre du collège, attendu qu'il était trop proche parent de Pierre. C'était déjà une demi-victoire pour maître Jacques, qui, prenant ses espérances pour des réalités, s'imagina un moment que Pierre pourrait fort bien former la même résolution; car il avait eu si peu l'air de briguer les honneurs de la magistrature, qu'il s'était retiré chez lui immédiatement après avoir déposé son vote dans la boîte électorale. Cependant cette illusion ne dura qu'un instant. Car, en voyant la multitude exprimer sa joie par des gestes de contentement et en entendant les cris de *Vive Pierre !* qui éclataient de toutes parts dans la foule, il ne put croire plus longtemps que le nouvel élu refusât de céder au vœu presque unanime des habitants.

Aussi, ces manifestations et ces cris lui donnèrent-ils le vertige. Il quitta la salle de la maison communale, et regagna sa demeure, étourdi comme si le clocher de l'église lui fût tombé sur la tête. Rentré chez lui, il fit éclater enfin sa mauvaise humeur qu'il s'était efforcé de contenir jusqu'alors. Il lança une formidable ruade à son chat, qui venait amicalement se frotter à ses jambes. Il allongea un vigoureux coup de pied à son chien, qui accourait en jappant de joie au-devant de son maître. Il injuria sa servante, trop lente à lui verser un verre d'eau-de-vie qu'en entrant il avait demandé pour se remettre. Enfin, il brutalisa jusqu'à sa pauvre

femme, parce que la malheureuse eut l'imprudence de dire que
Pierre serait un excellent échevin.

L'hôte du *Lion d'or* avala l'eau-de-vie d'un seul trait. Mais il
avait les nerfs tellement agacés, qu'il laissa tomber son verre qui
se brisa en mille éclats sur les dalles de la chambre, triste image
de son cœur qui était brisé aussi.

CHAPITRE XXI.

Comment on s'occupe de nettoyer l'étable communale.

— Mort de ma vie! mort de ma vie! s'écriait maître Jacques en se grattant derrière les oreilles, chaque fois qu'il songeait que Pierre allait mettre les mains dans les affaires de la commune.

Mais tout à coup il se ravisa, prit son chapeau et sa canne, et courut droit à la maison du nouvel échevin. Il y entra sans frapper, et lorsqu'il eut pénétré jusqu'à Pierre, il lui tendit affectueusement la main en disant :

— Cher collègue, permettez que je vienne vous adresser mes bien sincères félicitations. La commune n'aurait pu choisir un échevin plus digne que vous. Pour moi, je m'estime heureux de vous voir parmi nous, et nous serons désormais l'un pour l'autre de bons amis et de véritables frères.

Pierre accepta ces félicitations, quoiqu'il sût très-bien à quoi s'en tenir sur leur sincérité et sur les motifs qui les avaient inspirées. De son côté, Lisbeth avait ouvert de grands yeux au moment où l'hôte du *Lion d'or* était entré, et son étonnement fut extrême lorsqu'elle le vit serrer la main de son mari, et qu'elle l'entendit lui parler comme s'ils étaient faits pour s'estimer l'un l'autre. Aussi, quand maître Jacques se fut retiré :

— Mon ami, dit-elle à Pierre, que ne refuses-tu aussi d'accepter ces fonctions? Car cet homme est plein de fausseté. Il te tendra des piéges où il ne manquera pas de te faire tomber. Mon ami, mon ami, garde-toi de l'homme du *Lion d'or !*

Mais Pierre serra les deux mains de Lisbeth pour la rassurer, et lui dit :

— Ne crains rien, mon enfant; maître Jacques est loin d'être un lion furieux dont il faille avoir peur. Crois-moi, car je le sais bien, c'est plutôt un chat poltron, caressant et sournois. Mais je saurai bien l'empêcher de gratter et je lui couperai les griffes.

Le refus du meunier avait rendu nécessaire une seconde convocation électorale. Le scrutin eut lieu dans les délais voulus par la loi, et il appela aux honneurs de l'échevinage maître Rombaud, qui était un des amis les plus dévoués de Pierre, et un des membres les plus zélés de l'association des trente-quatre. Cette nomination, on le conçoit, fut un nouvel échec pour l'hôte du *Lion d'or*, qui exhala de plus belle sa colère en brusquant son chat, son chien, sa servante et sa femme, en se grattant derrière l'oreille, et en s'écriant :

— Mort de ma vie! mort de ma vie!

Mais cette colère finit, comme la précédente, par une visite à maître Rombaud et par des félicitations aussi sincères que celles dont Pierre était loin d'être la dupe.

Or, à la première réunion du collége communal, Pierre et Rombaud demandèrent à voir les comptes et les registres de l'administration. Le secrétaire rechigna visiblement; mais il n'y avait pas à dire, il fallait les déposer sur la table. Les deux nouveaux échevins furent consternés en voyant le désordre qui régnait dans toutes les écritures qu'on leur présentait. Ici, des ratures sans nombre, des chiffres altérés, des additions mal faites, des balances inexactes; là, des omissions et des lacunes. De beaucoup de résolutions il ne restait aucune trace écrite; même quelques procès-verbaux mentionnaient des faits et des décisions qui n'avaient jamais pu exister. La commune avait quatre-vingt-treize mille francs de dettes, et plus de la moitié de cette somme était due à l'hôte du *Lion d'or,* à qui on en payait l'intérêt à raison de cinq pour cent, tandis qu'il levait lui-même des capitaux dont il ne payait l'intérêt qu'à trois ou à quatre pour cent par an. Le

produit des impôts avait été dépensé, en grande partie, au profit
des membres mêmes du collége, en faux frais de toute nature, en
vacations, en expertises, en visites cadastrales et autres affaires
de même genre. De ces dépenses il n'avait jamais été tenu aucun
compte détaillé; toutes, au contraire, avaient été constamment
marquées en sommes rondes. Les propriétés communales n'avaient
pas été traitées avec plus de ménagement. Le collége, au lieu de
s'astreindre à la coupe régulière de la forêt, avait fait abattre le
bois au hasard et sans autre règle que le bon plaisir, et l'avait
vendu, au profit de la commune, comme on disait, bien que personne n'eût jamais su ni à qui, ni à quel prix. A ce propos, l'hôte
du *Lion d'or* avait même, à plusieurs reprises, poussé l'audace
jusqu'à dire :

— Ma cognée a fait tomber plus d'arbres qu'il n'en faudrait
pour payer la plus belle ferme du pays.

En un mot, Pierre et Rombaud marchèrent de stupéfaction en
stupéfaction. Dans toutes les pièces qui leur passaient sous les
yeux, ils ne virent que fraude et gaspillage. Ce qui en résultait
surtout, c'est que leurs prédécesseurs avaient prodigieusement
pratiqué la maxime d'un des personnages des fables de La Fon-
taine, et qu'ils s'étaient fait en toute chose la part du lion. Naturellement, maître Jacques n'avait eu garde de s'oublier dans le
partage. Ainsi, dans une vente de biens communaux, il s'était fait
adjuger, pour la bagatelle de mille francs, un hectare de bonne
terre, sans avoir versé un centime ni même avoir payé les intérêts depuis cinq ans. Ainsi encore, onze années auparavant, il
avait, de concert avec ses collègues, levé, au nom et sur les propriétés de la commune, un capital de six mille francs, qu'il avait
gardé entre les mains et dont l'intérêt annuel était payé régulièrement par la caisse communale.

Pierre, en voyant toutes ces horreurs, ne put contenir son
indignation.

— Pour le coup, c'est trop fort! s'écria-t-il en s'adressant à son
collègue Rombaud. Nous ne sommes pas ici dans un conseil communal, mais nous sommes dans une étable communale où tout

est ordure et corruption. Il nous faut à tout prix nettoyer ce lieu de pestilence, dût la puanteur se répandre dans le pays entier.

Puis, se tournant vers maître Jacques :

— Vous n'avez pas, lui dit-il, agi en bon administrateur; vous n'avez pas géré le patrimoine de la commune, mais vous l'avez dévoré et digéré. Père des malheureux, des veuves et des orphelins, vous avez dépouillé vos enfants, et vous avez jeté aux pauvres quelque morceau de pain moisi, tandis que vous transformiez leur bien en beaux écus pour remplir vos coffres. Vous avez fait jeter en prison le misérable affamé qui dérobait quelques carottes ou quelques pommes de terre dans les champs, et avec l'argent que vous leur voliez, vous vous achetiez de bons lits où vous dormiez tranquillement et sans remords. Vous avez toujours parlé de justice, et vous n'avez jamais agi qu'avec iniquité; vous avez toujours eu le mot de religion à la bouche, et porté le démon dans votre cœur. En vérité, je vous le dis, vous récolterez ce que vous avez semé, vous recueillerez la misère et la honte où vous avez planté l'orgueil et la rapine.

A ces paroles, l'hôte du *Lion d'or* fut saisi d'épouvante. Il devint aussi blanc qu'un linceul, et un tressaillement convulsif parcourut tous ses membres. Durant quelques secondes, sa langue se refusa à produire une seule syllabe. Cependant, l'instinct de sa propre conservation reprenant bientôt le dessus, il recouvra la voix, mais pour rejeter sur ses deux anciens collègues tout ce qui s'était passé, et pour conjurer Pierre et Rombaud, au nom de tout ce qu'il y a de saint, d'avoir pitié de lui et de ne pas causer son malheur.

Mais il eut beau protester de son innocence, le jour ne se passa pas sans que la justice fût informée de l'état des choses. Ce fut alors une stupéfaction générale dans le village; car personne n'eût soupçonné le collége communal capable de tant de noirceurs et d'iniquités. Il y eut des gens qui refusèrent d'y croire et qui allèrent jusqu'à traiter Pierre de calomniateur et de scélérat désireux de se donner de l'importance, fût-ce même au prix de la ruine de gens innocents. De son côté, l'hôte du *Lion d'or* parcourait la commune en tout sens pour recueillir toute sorte de témoignages chez ses amis, et se mettre ainsi en mesure de répondre aux accusations les plus graves. Ces démarches cependant n'eurent aucun succès; car ses meilleurs amis haussaient les épaules et refusèrent de s'ingérer dans des affaires de cette nature. Du reste, ils y eussent perdu leurs peines ; car la justice avait commencé l'instruction, et bientôt elle vit clair dans tous ces mystères d'iniquité. Aussitôt elle mit la main sur maître Jacques, qui fut écroué dans la prison de la ville pour être mis en accusation et en jugement. Il fut condamné à plusieurs années de travaux forcés, et la majeure partie de sa fortune fut saisie pour servir à rembourser à la commune tout ce dont il l'avait frustrée.

Telle fut la fin de l'hôte du *Lion d'or ;* car biens mal acquis ne profitent point, et l'orgueil est une échelle d'où finit toujours par tomber celui qui y monte.

Alors Pierre fut nommé bourgmestre de la commune, et remplacé dans ses fonctions d'échevin par l'un des trente-quatre de la confédération des alchimistes.

L'événement qui détermina la chute de maître Jacques fit une impression profonde sur tous les esprits, et longtemps les gens de Valdor en parlèrent dans leurs veillées. Car le bon curé en avait fait le texte d'un sermon aussi touchant qu'instructif et heureusement approprié à la situation.

— Mes frères, avait-il dit en terminant, quand un père de famille a des enfants dépravés, ce n'est pas à eux seuls qu'il faut en faire reproche, mais c'est à lui surtout qu'il faut imputer leur malheur, parce qu'il n'a pas su les diriger vers le bien. Et, quand la misère et le vice prennent racine dans une commune, c'est une preuve que celui qui l'administre ne vaut rien. L'un et l'autre sont responsables devant Dieu. Car Dieu assigne à chacun son heure, et le bras de sa justice atteint le plus puissant et le plus fort, comme le plus humble et le plus faible.

CHAPITRE XXII.

On commence par éteindre les dettes.

Pierre ne sut presque plus où donner de la tête, tant il avait de besogne. Cependant personne ne savait ce qu'il faisait. Tantôt on le voyait parcourir les champs. Tantôt il passait la journée entière dans la forêt. Tantôt il prenait dès le matin le chemin de la ville et ne revenait que vers la tombée de la nuit.

— O mon pauvre Pierre! disait Lisbeth, lorsque le soir elle allait au-devant de lui à l'issue du village; ô mon pauvre Pierre! pourquoi t'inquiéter et te tourmenter de la sorte? Car, je le pressens, pour toutes les peines que tu te donnes, tu ne recueilleras à la fin qu'ingratitude et chagrin.

— Je le sais, mon amie, lui répondait-il. L'ingratitude est la monnaie ordinaire dont le peuple paie ceux qui lui font du bien. Mais celui qui est placé à la tête d'une commune ne doit penser qu'à Dieu et à son devoir, et ne pas se préoccuper de la reconnaissance des hommes. Car Dieu, cela est certain, récompense le bien comme il punit le mal.

C'est ainsi que parlait Pierre, et il fit ce que son devoir lui commandait.

Après les restitutions opérées par l'hôte du *Lion d'Or*, la commune restait encore chargée d'une dette de plus de onze mille francs, créée par la mauvaise gestion de l'administration précédente.

Pierre méditait jour et nuit, et combinait dans son esprit les

moyens de libérer le pauvre village de cette onéreuse charge, ou
au moins de diminuer graduellement ce fardeau. Quand il eut bien
réfléchi et que son plan fut mûr, il le fit connaître à ses deux
échevins qui l'approuvèrent après une longue discussion, et lui
dirent :

— Plût à Dieu que nos dettes fussent payées! Chacun saurait
alors ce qui lui reste en propre. On pourrait respirer à l'aise, et
on n'aurait plus à songer, du matin au soir, aux intérêts que l'on
doit.

— Un peu de patience, mes bons amis; cela viendra, leur
répondit Pierre. Le passé ne nous appartient plus ; mais l'avenir
est à nous. Comptons sur l'avenir, et sur Dieu qui ne nous aban-
donnera pas.

Le dimanche suivant, à l'issue de la grand'messe, Pierre assembla tous les gens du village, et leur parla en ces termes :

— Chers concitoyens, toute vérification faite, nous avons cons-
taté que la commune doit encore onze mille quatre cents francs.
Cet argent, nous le devons en partie à des bourgeois de la ville, en
partie à quelques-uns d'entre vous qui n'ont pas été remboursés
des réquisitions dont ils ont été frappés à l'époque de la guerre.
Nous parlerons un autre jour de ce que nous devons à la ville.
Aujourd'hui, occupons-nous des moyens d'éteindre la dette que
nous avons dans le village même. Lors de la dernière guerre, un
grand nombre d'entre vous ont été forcés de fournir aux troupes
cantonnées dans nos environs une quantité de bœufs, de fourrage
et de blé. A ce titre, ils sont devenus les créanciers de la commune qui leur paie tous les ans l'intérêt de cette dette. Mais au
moyen de quoi paie-t-elle l'intérêt? C'est évidemment au moyen
des contributions communales, auxquelles chacun des créanciers
eux-mêmes concourt pour sa part. Il se fait donc que la plupart se
trouvent être à la fois créanciers et débiteurs. Bizarrerie et folie
qu'il faut faire cesser. Voici, chers concitoyens, de quelle manière
nous comptons y parvenir. Nous avons pris pour base l'avoir de
chaque habitant de la commune, et, d'après cette base, nous avons
formé un tableau où est déterminée la part de chacun dans la

dette. Or, celui qui figure sur ce tableau pour une somme égale à celle de sa créance, n'a qu'à faire une croix sur ce qu'il doit et sur ce qui lui est dû. Il est quitte et libre, et ne concourt plus pour un centime à la contribution dont le produit est destiné à payer l'intérêt de la dette résultant des réquisitions. Au contraire, celui dont la créance est plus forte que la somme dont l'intérêt, à raison de quatre pour cent, équivaudrait au chiffre pour lequel il figure annuellement sur le rôle de cette contribution spéciale, devient naturellement, pour le surplus, créancier de ceux qui n'ont fourni aucune réquisition. Il commence par examiner quelle est sa part contributive dans l'imposition annuelle. Ensuite, il déduit de sa créance un chiffre équivalent à la somme dont l'intérêt à quatre pour cent équivaut à cette part d'impôt. Cela étant fait, il se pose cette question : « Qui me devra maintenant le surplus ? » Réponse : « Ceux-là me le devront qui n'ont aucune créance à la charge de la commune. » De cette manière, la dette cesse d'être communale ; elle est convertie de fait en une dette particulière, et chacun de ceux qui n'ont rien à réclamer pour réquisition de guerre, devient, pour une part proportionnée à son avoir, débiteur de la masse des créanciers qui ont droit à une compensation pour le surplus qu'il faut leur bonifier. Chacun de ceux-là peut s'acquitter, soit en versant en une fois la petite somme qui tombe à sa charge, soit en en payant l'intérêt à raison de quatre pour cent par an, avec faculté d'éteindre le principal par annuités.

C'est ainsi que parla Pierre.

Il y eut un certain nombre de gens qui, dans le principe, ne comprirent pas tout à fait les avantages de ce système de liquidation. Mais quelques explications suffirent pour les éclairer, si bien que tous consentirent à l'adopter, voyant que personne n'y perdrait. Car les riches, qui avaient le plus à réclamer à raison des réquisitions auxquelles ils avaient dû faire face, étaient aussi tenus de contribuer à l'impôt spécial pour une part plus grande à raison de leur fortune. De sorte que, pour eux, les créances et les charges se compensaient à peu près, et qu'il ne restait simplement qu'à leur faire payer le surplus par les autres citoyens de la commune. Aussi il n'y eut personne qui ne dît que cela était de toute justice, et qui ne fût pleinement convaincu que la plus stricte équité avait présidé à la formation du tableau où se trouvait consigné l'état de fortune de chaque famille, et qui servait de base à la fixation de la part pour laquelle chacune d'elles devait concourir à l'extinction de la dette créée par les réquisitions de guerre.

Le dimanche suivant, à peine la grand'messe fut-elle finie que Pierre convoqua derechef les gens de la commune.

— Je parie que ce diable de Pierre va nous prouver encore une fois que payer, c'est s'enrichir, se dirent quelques-uns en se dirigeant vers la grand'place.

— Ma foi, vous pourriez bien avoir raison, répondaient les autres, en s'acheminant avec leurs compagnons vers la maison communale, à la porte de laquelle le garde champêtre battait la caisse à grands tours de bras.

— Il n'y a pas de doute à cela, reprenaient les premiers. Car le voilà déjà qui se montre à la fenêtre, tenant un paquet de papiers à la main comme l'autre jour.

En effet, ils ne se trompaient point.

Quand la commune tout entière se trouva rassemblée, Pierre prit la parole.

— Chers concitoyens, dit-il, nous sommes heureux d'avoir à vous annoncer une excellente nouvelle. Vous savez que l'intérêt que nous payons de la dette de sept mille six cents francs qui reste encore à la charge de la commune, est à cinq pour cent par an. Eh bien, nous avons résolu de rembourser cette dette au moyen d'un emprunt que nous pouvons contracter dans la ville à raison de quatre pour cent. De cette manière, les charges annuelles que cet intérêt nous impose, se trouveront diminuées d'un cinquième ; car nous n'aurons plus à débourser que trois cent et quatre francs au lieu de trois cent quatre-vingts que nous avons payés jusqu'ici. Voilà donc un bénéfice clair et net de soixante-seize francs par an.

— Bravo! bravo! s'écria la multitude en battant des mains avec un enthousiasme frénétique.

A un signe que Pierre fit de la main, le silence se rétablit dans l'auditoire, et l'orateur reprit en ces termes :

— Cependant, pour plus d'un d'entre vous, il est dur de devoir économiser sur son propre travail et sur ses propres biens de quoi fournir sa quote-part au payement des intérêts de la dette commune. Aussi, que diriez-vous, mes chers concitoyens, si nous vous indiquions un moyen d'y faire face sans bourse délier ?

A ces mots, un mouvement de curiosité se fit dans la multitude. Quelques-uns se prirent à rire, et, ne comprenant pas qu'on pût payer autrement que du produit de son travail ou du revenu de ses biens, s'écrièrent :

— Voilà ce qui s'appelle parler ! En vérité, cela nous va à merveille.

Mais Pierre éleva la voix, et, dominant l'hilarité de ses interrupteurs :

— Ecoutez-moi, chers concitoyens, dit-il. Nous possédons encore un grand pré communal. Vous le savez, la terre en est mauvaise ; car elle est piétinée sans cesse par les bestiaux, et çà et là seulement y croissent quelques vieux arbres. Chacun de vous, si ce pré lui appartenait, saurait en tirer un excellent parti. Mais à qui sert-il aujourd'hui ? A personne. Car les gros fermiers qui ont beaucoup de bétail et qui l'y font paître pendant l'été, n'en retirent même aucun avantage. Non-seulement ils voient leurs bœufs et leurs vaches en revenir le soir aussi affamés qu'ils l'étaient le matin en y allant, mais encore ils laissent s'y perdre inutilement tout l'engrais que leurs bestiaux produisent. Quant aux pauvres, qui ne possèdent pas même de quoi se procurer une vache, ils n'en ont pas le moindre profit, puisqu'ils doivent en laisser la jouissance aux riches. Dites-moi, cela est-il juste ? Pourquoi les riches auraient-ils droit plutôt que les pauvres à la propriété de la commune ? Ne sommes-nous pas tous citoyens de Valdor ? Et l'un doit-il posséder plus de priviléges que l'autre? Car à quel titre les riches auraient-ils la jouissance exclusive de ce qui nous appartient en commun? Ceci posé, je dis que, si chaque citoyen avait une parcelle de ce pré, chacun pourrait le cultiver avec un soin tout particulier et y faire venir du trèfle ou d'autres fourrages, qui seraient pour leurs chèvres et pour leurs moutons une nourriture plus abondante, plus saine et plus nourissante que celle qu'ils ont maintenant. Notre avis est donc que nous divisions le pré en autant de parties égales qu'il y a de ménages dans la commune. Chacun alors pourra l'utiliser comme bon lui semble. Seulement la terre continuera à rester propriété communale. Personne ne pourra vendre, engager, ni aliéner de quelque manière que ce soit la part qui lui sera donnée simplement à titre de bail. Si quelqu'un des preneurs vient à mourir, elle fait immédiatement retour à la commune qui l'attribue aussitôt à quelque jeune chef de ménage qui n'a pas encore obtenu de part. Chacun payera un modique fermage pour le lot dont il aura été pourvu, et le revenu que notre caisse se sera créé de cette manière, servira à faire face aux intérêts de la dette communale. De la sorte, personne ne tirera de son travail ni de son bien de quoi satisfaire à cette charge; mais il le tirera de la parcelle de terre que la commune lui prête.

Quand Pierre eut fini de parler, la multitude se livra à mille réflexions. De vives discussions s'engagèrent de tous côtés. Puis des discussions on en vint aux disputes. Puis un tumulte et un vacarme effroyables éclatèrent et remplirent la place, si bien qu'on eût dit que le village, pris d'assaut, allait être mis à feu et à sac. La cause de cette agitation était que les gros fermiers, qui avaient jusqu'alors regardé en quelque sorte le pré comme leur propriété exclusive en le faisant servir à leurs bœufs et à leurs vaches, refusaient de consentir à ce qu'il fût partagé. Les uns vociféraient de toutes leurs forces, criant à l'iniquité et menaçant de porter plainte au gouvernement. Les autres disaient, en hurlant de colère :

— Oh! nous voyons clair dans leurs projets. Ils veulent enrichir un tas de misérables, et réduire à la besace les honnêtes gens qui possèdent quelque bien au soleil. Qui a du bétail, peut l'envoyer au pré. C'est un droit qui appartient à tout le monde, et dont nos pères ont usé, et que nous ne nous laisserons pas arracher sans nous défendre. Parbleu ! on ne nous tondra pas comme un troupeau de moutons.

Mais, malgré l'égoïste opposition qu'ils essayèrent de faire, la proposition de Pierre, ou plutôt du collége échevinal, passa à une grande majorité et fut adoptée par le conseil ; car la plupart des villageois qui n'étaient pas riches ou qui tenaient leur bétail dans l'étable, de crainte de laisser se perdre l'engrais, s'étaient prononcés pour le partage du pré.

Le lendemain, Pierre chargea un arpenteur de diviser le pré en autant de parts qu'il y avait de ménages, et les différents lots furent répartis entre ceux-ci par la voie du sort.

Cependant, les gros fermiers ne restèrent pas dans l'inaction. Dès le point du jour, ils prirent le chemin de la ville et allèrent trouver le commissaire de district pour lui porter leur plainte et réclamer contre l'infraction faite à ce qu'ils appelaient leur droit. Mais le commissaire, après les avoir bien écoutés, leur répondit :

— Bonnes gens, vous êtes dans l'erreur. Le pré dont vous parlez, est la propriété commune des habitants et non celle des vaches de Valdor. Par conséquent, tous y ont également droit, et chacun peut utiliser, comme il le juge convenable, la part que le conseil lui en a donné à bail. Quant à vous, ce n'est pas votre droit que vous faites valoir, mais c'est votre vieil égoïsme que vous mettez en lumière. Vous avez tort d'insister sur le maintien d'un privilége qu'aucun titre ne vous confère, et que vous ne pouvez avoir prescrit contre la justice et l'équité. Retournez donc tranquillement chez vous, et tâchez de prendre votre parti de ce qui a été fait et bien fait.

Les fermiers, tout confus, remercièrent le commissaire et reprirent le chemin du village. En route, ce fut à qui ferait le mieux l'éloge de l'hôte du *Lion d'or* et à qui le plaindrait le plus de se trouver maintenant enfermé entre quatre murailles.

— Malgré tous ses défauts, il était pourtant un brave homme, disaient-ils. Il tenait à la conservation des anciens usages et au maintien des anciens priviléges. Sous son administration, nous n'aurions pas vu s'accomplir les abominations dont nous sommes témoins. Ce Pierre, au contraire, est un intrigant, un novateur, un véritable Jacobin. Puisse-t-il mourir bientôt de malemort !

CHAPITRE XXIII.

Nouvelle extinction de dettes.

Dès le printemps suivant, le pré, naguère si triste et si désolé, offrait l'aspect le plus gai et le plus riant. Cette terre, où, les années précédentes, on n'avait vu que quelques rares bestiaux paître une herbe maigre, mauvaise ou amère, était maintenant transformée en un véritable jardin. On y voyait croître et fleurir une splendide variété de cultures de toute espèce, des fèves, des pois, du houblon, du chanvre, du lin, des choux, des pommes de terre, du sainfoin, du trèfle, de la spergule et des légumes de tout genre. Cela faisait vraiment plaisir à voir. Chacun pouvait aisément calculer d'avance le beau produit qu'il tirerait de son carré de champ, et compter qu'il y trouverait non-seulement de quoi payer son léger fermage, mais encore une abondante récolte. Même les riches paysans, qui, l'année précédente, s'étaient opposés avec tant d'énergie au partage du pré et qui avaient eu le temps d'apprendre à mieux apprécier les choses, reconnurent que ce partage était avantageux pour tout le monde. En effet, eux-mêmes y trouvaient parfaitement leur compte. Car, non-seulement ils y gagnaient une bonne quantité de fourrages pour leurs bestiaux, qu'ils retenaient dans les étables, mais encore ils obtenaient beaucoup plus de lait et pouvaient réunir beaucoup d'engrais qu'ils laissaient se perdre auparavant. Tout cela était bénéfice net, et valait de l'argent comptant. En outre, s'ils avaient triomphé dans leur opposition, et que chacun eût dû continuer à tirer de sa propre poche de quoi payer sa part de l'intérêt de la dette communale, ils auraient nécessairement dû y contribuer pour une quote-part proportionnellement beaucoup plus grande, — tandis que maintenant chaque ménage payait exactement le même fermage pour la portion du pré qu'il tenait en location : nouveau bénéfice, nouvel argent comptant.

Mais Pierre n'était pas encore satisfait de ce résultat. Tant qu'il lui restait quelque chose à faire, il ne croyait pas que sa tâche fût remplie.

Or, ce n'était pas pour rien qu'il avait passé des journées entières à parcourir la forêt en tout sens.

En effet, il avait eu, dans la ville voisine, une conférence avec l'inspecteur des eaux et forêts, homme parfaitement au courant de son emploi. Il avait conduit ce fonctionnaire à droite et à gauche dans la forêt communale de Valdor, et lui avait demandé conseil sur ce qu'il fallait en faire. Evidemment, Pierre ruminait quelque chose de nouveau; mais personne ne savait au juste de quoi il s'agissait. Seulement, les riches paysans disaient entre eux :

— Ho ! nous nous y attendons. Il est encore question de nous cingler les reins. Il n'y a pas à douter de cela.

Cependant, cette fois, les riches paysans étaient dans une complète erreur.

Chacun était dans l'attente de ce qui allait advenir, quand, le dimanche suivant à l'issue de la grand'messe, la caisse du garde champêtre se fit entendre de nouveau devant la maison communale.

— Dieu nous soit en aide ! s'écrièrent les gros fermiers en entendant le bruit sonore du tambour. Nous allons peut-être encore en voir de belles aujourd'hui.

Au moment où les gens de la commune se trouvèrent réunis devant la salle des séances du collége, Pierre ouvrit la fenêtre toute large et parla de la sorte :

— Chers concitoyens, celui qui ne doit rien, est riche. Mais notre commune a encore des dettes. Vous savez que nous en payons l'intérêt au moyen du produit que donne le fermage du pré. Mais ne vaudrait-il pas mieux y arriver d'une autre manière, et laisser ce fermage dans la poche de chacun au moins pendant dix ans ou plus? De cette façon tous les ménages pourraient se remettre à flot.

Un murmure d'approbation accueillit naturellement ces paroles, et un grand nombre de gens s'écrièrent :

— Certainement, cela serait superbe; car nous aurions de quoi nous faire un petit magot.

— Eh bien, reprit Pierre, mes honorables collègues et moi nous nous engageons à vous fournir un moyen d'éteindre, sinon complètement, au moins en grande partie, la dette communale, sans que vous ayez à débourser un sou, pourvu que vous donniez votre assentiment à trois mesures que nous allons vous proposer.

— Ha! ha! s'écrièrent les gros fermiers, voilà qu'il va démasquer ses batteries et faire feu sur nous.

Mais Pierre continua.

— Ecoutez-moi bien, dit-il, et jugez si j'ai tort ou raison. Nous comptons à Valdor à peu près cent ménages.

— Cela est vrai, interrompirent les paysans.

— Or, chaque ménage, reprit Pierre, tire tous les ans de la forêt communale trois cordes de bois de chauffage, outre une quantité de fagots.

— Cela est également vrai, interrompit de nouveau l'auditoire.

— Cette quantité de bois, dit Pierre, suffit aux besoins d'un ménage. Il y en a même qui n'en consomment pas autant, c'est-à-dire ceux qui sont abonnés à la cuisine commune. Mais n'importe; j'estime qu'en général on en userait infiniment moins, si chacun n'avait pas à chauffer, pendant toute l'année, son four pour cuire le pain ou pour sécher les fruits, et son foyer pour faire bouillir l'eau nécessaire à la lessive. Maintenant, calculez l'énorme quantité

de bois qu'il faut par semaine à dix ou à vingt ménages pour faire
la lessive et pour cuire le pain.

A ces mots, quelques-uns se prirent à murmurer :

— Rien n'est plus vrai. Mais veut-il donc que nous ne mangions
plus de pain et que nous ne lavions plus notre linge ?

— Dans le pays, reprit Pierre, il y a bien des villages qui sont
beaucoup plus riches que le nôtre, et cependant on y est plus
économe et plus ménager que nous ne le sommes. Il y a des villages
qui n'ont pas une forêt aussi étendue que la nôtre, et cependant ils
ont assez de bois pour leur usage et même pour en vendre. Vous
me demanderez : Comment s'y prennent-ils pour obtenir ce résultat ? Réponse : plusieurs familles se réunissent pour cuire leur
pain et pour sécher leurs fruits dans un four commun. Chacun
y apporte, chaque semaine, ses fruits ou sa pâte quand son tour
est venu de les sécher ou de la cuire.

Et, comme on ne laisse pas au four le temps de se refroidir complétement, on a nécessairement besoin de beaucoup moins de bois
pour lui donner le degré convenable de chaleur. C'est là ce qui
s'appelle être économe et ménager. Pourquoi ne pourrions-nous
pas procéder de la même manière ? Pourquoi ne l'avons-nous pas
fait depuis longtemps ? Réponse : parce que nous sommes trop
lents ou trop inhabiles à adopter les procédés dont les avantages
sont constatés par l'expérience. Considérez, en outre, que plus vous
diminuez le nombre des fours dans un village, plus aussi vous diminuez les chances d'incendie ; car il est prouvé qu'ils causent la
moitié des désastres qui affligent souvent si cruellement les communes. Enfin, prenez en considération la grande économie que
nous ferions, si nous remplacions par des fours plus petits, plus
commodes et plus faciles à chauffer, les énormes constructions de
pierre qu'il nous faut aujourd'hui pour faire sécher nos fruits
et pour cuire notre pain. Car, ne l'oublions pas, mes chers concitoyens, brûler du bois, c'est brûler de l'argent.

A ces paroles, toute l'honorable commune de Valdor se gratta
derrière l'oreille, en se livrant aux mille réflexions que ne put

manquer de suggérer le dicton dans lequel Pierre avait si spirituellement résumé sa pensée.

Mais, sans interrompre le fil de son discours, il continua en
ces termes :

— Regardez partout autour de vous. D'autres villages possèdent
déjà depuis longtemps des lavoirs communs, où chaque ménage à
son tour va faire sa lessive. Là, nouvelle économie de bois à faire,
et autre cause d'incendie à supprimer. Nous savons que ces lavoirs
communs existent ailleurs; nous en louons l'institution, et nous
en reconnaissons les avantages. Pourquoi donc à Valdor chaque
ménage lave-t-il encore dans sa maison? Une dernière observation, mes amis. A cause des alternatives de froid et de chaleur par
lesquelles ils passent continuellement, nos fours et nos foyers se
détériorent infiniment plus vite. Par conséquent, nous devons plus
souvent les faire réparer. Cela coûte de l'argent. Si, au contraire,
le village avait un lavoir commun, si plusieurs ménages s'associaient pour avoir un four commun, les frais d'entretien seraient
incomparablement moindres. Pour les motifs que nous vous avons
indiqués, nous venons, chers concitoyens, vous proposer d'établir
plusieurs fours destinés à cuire le pain et à sécher les fruits, et de
construire un lavoir commun, tel qu'il en existe dans d'autres villages. La première dépense en sera faite par la caisse communale,
et elle s'élèvera à peu de chose, attendu que nous aiderons tous
au travail au moyen de corvées. Que pensez-vous de cela?

Les opinions qui se produisirent furent extrêmement divergentes. Il y avait des gens qui voulaient que l'on s'en tînt à l'ancien système. D'autres reconnurent qu'il résulterait de grands
avantages de l'établissement d'un lavoir commun; mais ils se
prononcèrent formellement contre les fours, parce qu'ils n'en connaissaient pas encore de semblables. D'autres furent d'avis qu'il
fallait adopter, dans toutes ses parties, la proposition que Pierre
avait faite au nom du collége échevinal. L'affaire fut longuement
examinée, débattue et discutée. Puis on alla aux voix, après un
débat qui n'avait pas duré moins de deux heures. Le résultat du
scrutin fut que la majorité des habitants se prononça à la fois pour
les fours et pour les lavoirs. Aussitôt le conseil de la commune déclara cette résolution adoptée.

Alors Pierre se leva tout rayonnant de joie, et, s'adressant à la multitude :

— Je vous félicite, chers concitoyens, dit-il, de la résolution que vous venez de prendre. Elle vous fait honneur et vous récompensera par l'avantage qui en résultera pour vous. Maintenant, encore une petite chose dont j'ai à vous entretenir.

— Gare! gare! interrompit en ce moment un gros fermier en s'adressant à un de ses collègues. Voici que l'orage va éclater.

Mais il se trompait; car Pierre continua de la sorte :

— Comme vous aurez à l'avenir besoin de moins de bois, ce qui sera économisé de cette manière, pourrait fort bien, me semble-t-il, servir à former un petit capital au moyen duquel il serait facile d'éteindre une partie de notre dette communale. Prêtez-moi un instant toute votre attention, et aidez-moi, je vous prie, dans mes calculs. Si chaque ménage, qui reçoit actuellement par an trois cordes de bois outre les fagots, peut se contenter de deux cordes seulement, il est évident que, sur cent familles, on fera une économie annuelle de cent cordes de bois. Or, la corde valant dix francs, nous aurons mille francs de bénéfice par an. Par conséquent, notre dette, qui s'élève encore à sept mille six cents francs, pourra être entièrement éteinte en moins de huit années. Que dites-vous de cela? Mais ce n'est pas tout encore. Notre forêt communale présente une étendue de deux mille arpents. Depuis qu'il est défendu d'y exercer le droit de vaine pâture, tout y croît d'une façon merveilleuse. Je l'ai parcourue d'un bout à l'autre avec M. l'inspecteur des eaux et forêts, et voici ce que cet honorable fonctionnaire m'a dit : « La forêt telle qu'elle est doit produire annuellement trois cent cinquante cordes de bois. » Il ajouta ensuite : « Les essences qui forment ce qu'on appelle le bois taillis, telles que le hêtre, l'aune, le charme, le tremble et l'érable, vous devez les laisser croître trente ans. Les chênes, les bouleaux et les sapins qui fournissent de grandes pièces de bois de construction, doivent avoir soixante et dix à cent ans et même au-delà. » Par conséquent, si nous voulons aménager convenablement notre forêt, il faut que nous répartissions en trente lots le bois taillis et en cent lots le bois de construction, et que nous ne coupions, chaque année, qu'un seul lot de chacune de ces deux catégories. De cette manière, nous aurons évidemment toujours la même quantité de bois sur pied et pour notre usage ; nous n'en couperons ni trop ni trop peu, et il y aura constamment à notre disposition et à celle de nos descendants le même nombre d'arbres parvenus au terme de leur croissance. Mais je vous ferai remarquer que, dans notre forêt, nous avons une bonne quantité d'arbres tellement vieux que, si nous les mettions en coupe réglée, il y en aurait une grande partie qui se gâteraient sur pied et qui finiraient par ne plus rien valoir. Ces arbres, nous devons les abattre dès cette année même, en faire une coupe extraordinaire, et les mettre en vente, pour en employer le produit à la diminution de notre dette. Ce produit, d'après l'évaluation que nous en avons faite, doit s'élever à deux mille trois cents francs. En déduisant cette somme de celle de sept mille six cents que nous devons, nous voyons qu'il nous reste à trouver cinq mille trois cents francs pour être entièrement quittes et libres. Or, le moyen de réunir cette somme sans bourse délier ? Je vous l'ai indiqué, mes chers amis. Je renouvelle donc, en mon nom et en celui de mes deux honorables collègues, notre proposition que voici : Pendant six ans, chacun des cent ménages dont se compose la commune renonce à un tiers de son affouage pour le produit en être affecté à l'amortissement complet de la dette communale.

A cette proposition ainsi formulée, il s'éleva derechef dans l'auditoire une agitation impossible à décrire, et les discussions les plus vives s'engagèrent entre les membres de l'assistance. La plupart auraient voulu garder l'argent de l'intérêt dans leur poche et continuer en même temps à recevoir tous les ans trois cordes de bois, comme auparavant. Cependant, il était impossible qu'on jouît de ces deux avantages à la fois, puisque, sans le sacrifice de l'un, l'autre ne pouvait exister. Aussi, plus on se heurtait contre cette impossibilité, plus on s'obstinait. On discuta avec la même âpreté jusqu'à l'heure du dîner, et la foule, de guerre lasse, finit par s'écouler sans avoir pris aucune décision.

CHAPITRE XXIV.

Tout va de mieux en mieux.

Les hommes sages et intelligents du village, éclairés par les bonnes raisons de Pierre, disaient, en secouant tristement la tête :

— Comme nos gens sont pourtant singuliers ! On ne parviendra donc jamais à faire entrer dans l'esprit de ces entêtés qu'il faut parfois savoir se résigner à sacrifier un avantage momentané pour en obtenir un qui soit durable ? Mon Dieu ! est-il possible qu'on soit aveugle à ce point ?

Mais Pierre souriait doucement et leur répondait en haussant les épaules :

— Ayez seulement quelque patience, mes amis. Vous verrez que tout ira mieux que vous ne croyez. Toute bonne chose vient à son temps. Que voulez-vous ? Ces gens doivent réfléchir, dormir sur une idée et la ruminer à leur aise. Valdor n'a pas été bâti en un jour. Nos hommes, quand on leur propose une chose qui est nouvelle pour eux, sont comme des enfants lorsqu'ils rencontrent un étranger. Ils s'enfuient d'abord avec crainte et en poussant des cris. Un moment après, ils s'arrêtent et regardent l'homme en face. Puis ils s'approchent de quelques pas, quand ils se sont bien assurés qu'il ne fait pas mine de vouloir les manger. Quelques moments encore, et ils finissent par jouer avec lui, et les voilà bons amis.

Tel était l'avis de Pierre.

Cependant on se préparait activement à construire le lavoir et les fours. On abattit du bois dans la forêt, on moula et on fit cuire des briques, on alla chercher du sable, de la chaux, du ciment, des pierres, des tuiles, en un mot, tout ce qui était nécessaire aux constructions projetées. Chacun contribuait pour sa part au travail; car tout se faisait au moyen de corvées. Les ménages, qui voulaient avoir un four commun pour y cuire leur pain et y faire sécher leurs fruits, s'étaient réunis par voisinages; ils avaient déterminé la place la plus commode et la plus sûre pour le bâtir, et fixé le jour où chacun d'eux s'en servirait à tour de rôle. De son côté, Pierre avait fait venir de la ville un maçon très-entendu dans l'art de construire des fours, des foyers et des cheminées, et il alla lui-même visiter différents villages, pour y étudier les détails des établissements du genre de ceux qu'il s'agissait d'organiser à Valdor, et pour tirer profit des observations que cette visite pourrait lui suggérer.

Avant la fin de l'automne, le lavoir et les fours étaient terminés, et ils se trouvaient en pleine activité, à la grande satisfaction des gens du village, qui, alors seulement, reconnurent qu'ils usaient beaucoup moins de bois qu'auparavant et qu'ils avaient beaucoup moins à craindre l'explosion du feu.

Mais une chose en amène une autre. Aussi quelques-uns eurent-ils l'idée de substituer à leurs énormes et incommodes foyers, des foyers plus petits, mieux disposés et plus économiques en même temps. Pierre et le bon curé en avaient déjà de semblables dans leur maison, qui servaient à la fois à chauffer la chambre et à faire la cuisine. Dans la ville, on en voyait partout qui étaient construits de la même manière. Ils consommaient beaucoup moins de combustible, et c'était là un bénéfice net. Car le bois qu'on économisait de cette façon, on pouvait le vendre et en faire de l'argent. En réfléchissant à cet avantage, chacun se rappela ces paroles que Pierre avait un jour laissé tomber dans l'oreille de ses administrés : « Brûler du bois, c'est brûler de l'argent. » Seulement on reculait devant la dépense que devaient entraîner la transformation et la reconstruction des foyers.

Cependant quelques-uns d'entre les trente-quatre membres de l'association mystérieuse, sur lesquels Pierre continuait à exercer une grande influence, entreprirent de rompre la glace. D'après ses conseils, ils firent, dès l'automne, changer leurs foyers. Un excellent ouvrier de la ville vint faire le travail à un prix très-modéré et avec toutes les garanties désirables de bonne exécution. Alors il eût fallu voir les voisins et les voisines se mettre sur pied et accourir de tous les points du village pour regarder les nouveaux foyers, comme s'il se fût agi d'autant d'animaux rares et inconnus. Tous en riaient, et s'en moquaient, et en faisaient des gorges chaudes. Mais bientôt arriva l'hiver, et la bise, la gelée et la neige firent leur entrée à Valdor. Alors ce fut autre chose. Tous les rieurs furent très-étonnés que ces petits foyers, dont ils s'étaient raillés à cœur joie, pussent produire tant de chaleur dans les chambres. La leçon était donnée, et elle était suffisante. Cependant elle n'était pas complète encore; car, lorsque, le printemps venu, ils virent chacun des propriétaires de ces foyers merveilleux vendre le bois qu'il avait économisé, ils regrettèrent amèrement de n'avoir pas adopté cette utile innovation. Dès ce moment, les anciens et énormes foyers avec leurs cheminées à manteau perdirent jusqu'aux derniers de leurs partisans. Il n'y eut pas un seul ménage dans tout Valdor qui ne s'empressât de faire modifier le sien, et les foyers économiques triomphèrent sur toute la ligne. Cette victoire fut d'autant plus complète que chacun des récalcitrants avait été plus vexé en voyant arriver, dès le 1er mai, le garde-champêtre avec l'avertissement de la taxe destinée au payement de l'intérêt de la dette.

En effet, il était dur pour eux d'avoir à tirer de leur poche de bel et bon argent, que d'autres avaient trouvé, pour ainsi dire, dans les cendres de leurs foyers économiques.

Quelques-uns s'écrièrent avec dépit :

— Au diable la dette communale !

D'autres accoururent chez Pierre et lui dirent :

— Pourquoi ne renouvelez-vous pas votre proposition relative à l'extinction de la dette? Au nom du ciel, hâtez-vous donc de la remettre sur le tapis.

9

— Mes amis, leur répondit-il, c'est là que je vous attendais.
Vous n'avez pas voulu m'écouter l'année dernière ; si vous aviez
adopté mon système, près d'un cinquième de notre dette serait
éteint aujourd'hui. Mais, enfin, le proverbe dit : « Mieux vaut tard
que jamais. » Aussi, nous reprendrons cette affaire.

Le dimanche suivant, tous les habitants de Valdor se trouvèrent à leur poste devant la maison communale, disposés cette fois
à prêter une oreille favorable à la proposition de Pierre. Elle
alla comme sur des roulettes ; elle fut votée d'emblée et à l'unanimité des voix, et adoptée sans désemparer par le conseil tout
entier. De son côté, l'administration supérieure y donna son approbation, et les journaux annoncèrent bientôt l'adjudication prochaine d'une énorme quantité de bois à Valdor. Les acheteurs
accoururent de tous côtés. On avait abattu d'abord, sous la surveillance et sur l'indication de l'inspecteur des eaux et forêts,
tout le vieux bois de construction qui était parvenu à sa complète
croissance. Cet honorable fonctionnaire avait aussi fait couper
beaucoup de jeunes arbres et opérer çà et là une éclaircie pour les
empêcher de s'étouffer les uns les autres. Il fallait voir les chênes
superbes, les bouleaux gigantesques, les sapins de 150 pieds de
haut. Tout cela fut mis en adjudication publique. Mais on fit durer
la vente deux ans, de crainte d'avilir le prix du bois. Ces deux années écoulées, quelle joie dans le village ! Tous les calculs de Pierre
se trouvaient réalisés ; ils étaient même dépassés au-delà des plus
larges prévisions. Car, tous frais déduits, l'adjudication produisit
onze mille sept cents francs. De sorte que l'on put non-seulement
éteindre la dette de sept mille six cents francs dont la commune
avait jusqu'alors payé les intérêts, mais encore compter un boni de
plus de quatre mille francs que l'on plaça sur bonne hypothèque.

— Quelle bénédiction du Ciel ! disaient les gens ; car voilà nos
dettes entièrement éteintes.

— Ouf ! on peut respirer maintenant, ajoutaient les autres ; et,
le soir, chacun de nous peut mettre tranquillement sa tête sur
l'oreiller....

— Et songer, reprenaient les premiers en se frottant les mains, qu'il y a là plus de quatre mille francs qui sont occupés sans relâche, jour et nuit, à faire des jeunes pour nous.

Toutes ces opérations terminées, Pierre fit venir un excellent arpenteur qu'il chargea de mesurer exactement la forêt et d'en dresser un plan. Ensuite, il la visita de nouveau, accompagné de l'inspecteur, et ils en disposèrent en commun l'aménagement, afin que les coupes se fissent désormais d'une manière régulière et que, tous les ans, après avoir abattu une même quantité de bois du même âge, on replantât de jeunes pieds à la place de ceux qu'on aurait enlevés. Enfin, comme il fallait une stricte surveillance qui empêchât les maraudeurs d'enfreindre cet ordre et de faire des dégâts dans les plantations, on nomma un garde-forestier, à qui l'on assigna un traitement convenable et qui assura, par son activité, la bonne tenue de la forêt, la source la plus riche et la plus productive des revenus de la commune.

CHAPITRE XXV.

Il reste encore beaucoup de misère dans le village.

Le pays ne pouvait assez s'étonner du merveilleux changement qui s'opérait à Valdor ; car on y voyait le bien-être des familles augmenter de jour en jour. Non-seulement le village était libre de toute dette, mais encore beaucoup de gens, fort gênés naguère, remboursaient peu à peu les capitaux qu'ils avaient levés. Il n'y avait personne dans la ville qui, ayant des placements à faire, ne prêtât son argent à Valdor plutôt qu'ailleurs ; car on savait qu'on y trouvait de la bonne foi et de la loyauté. Il n'en était pas de même dans d'autres villages ; c'est pourquoi on donnait la préférence à celui-là. La réputation des habitants de Valdor s'établit si bien, qu'on avait partout la plus grande confiance en eux, et qu'ils jouissaient, dans tous les environs, de l'estime et de la considération générales. Cela est tellement vrai que, lorsque par hasard un mendiant se présentait à la porte de quelque ferme du pays, on ne manquait pas de lui dire :

— Fi ! n'as-tu pas honte de mendier, toi qui es de Valdor ?

Car on s'imaginait qu'il était impossible qu'il y eût à Valdor des gens qui pussent se livrer à la mendicité.

Cependant, en cela on se trompait fort ; car il s'y trouvait encore quelques familles plongées dans la misère, mais incorrigibles malgré les remontrances du digne curé et les menaces du collége communal. Elles aimaient mieux s'adonner à l'oisiveté et à la paresse, et mendier leur pain, que de le gagner honnêtement par le travail. Elles dressaient leurs enfants à la mendicité et au vol, et les battaient le soir quand ils n'apportaient pas assez d'argent et de provisions à la maison. L'argent qu'elles recueillaient en aumônes,

elles le dépensaient à bien boire et à bien manger, sans s'inquiéter du lendemain. Or, on n'avait aucun espoir de voir diminuer
cette lèpre honteuse. Au contraire, ces familles s'accroissaient
tous les ans en raison de l'augmentation du bien-être à Valdor;
car elles se mariaient entre elles et mettaient des enfants au
monde sans s'inquiéter en aucune manière des moyens de les
nourrir. Elles se contentaient de dire :

— La commune a un bureau de bienfaisance, qui est riche et
dont le patrimoine est le nôtre. Elle est, d'ailleurs, obligée de nous
entretenir, qu'elle le veuille ou non. Elle ne peut plus nous chasser
d'ici, ni nous laisser mourir de faim.

Ce langage effronté toucha particulièrement le cœur du bon
curé, qui s'en affligea profondément et se mit à la recherche des
moyens de mettre un terme à tant de misère, fruit de l'oisiveté
et du désordre. Souvent l'excellent homme disait à Pierre et à ses
collègues :

— Faites ce que vous voudrez. Tant que vous aurez au milieu
de vous ces hommes de paresse et de vices, cette pépinière de
mal et de honte, l'arbre de la commune aura de mauvaises branches. Car ces parasites fainéants se nourrissent de ce que d'honnêtes familles gagnent laborieusement. Ils diminuent sans cesse le
bien-être des autres, et Dieu sait combien ils entraînent de malheureux par la contagion de leur exemple.

Pierre et ses collègues comprenaient, aussi bien que le curé, ce
qu'il y avait de vrai dans cette manière de voir. Mais comment
parvenir à extirper la fainéantise et la mendicité? Là était le
nœud de la difficulté.

A vrai dire, il se trouvait dans le village une maison qu'on appelait l'hospice. Mais elle n'était pas assez spacieuse pour recevoir
tous les indigents. Aussi y en avait-il un grand nombre qui ne
pouvaient y trouver un asile; et, d'ailleurs, on ne devait les y
admettre qu'avec les plus grandes précautions. Le digne curé y
faisait fréquemment des visites dans l'espoir d'en amener les habitants à s'amender. Mais tous ses efforts restèrent sans résultat.

Les enfants et les vieillards, les hommes et les femmes, tous ceux qui n'avaient plus d'abri, y habitaient pêle-mêle. Cette maison, et le vénérable pasteur le répétait sans cesse, était une véritable caverne où se perdaient les ames ; car les enfants y contractaient toute sorte de vices et y apprenaient toute sorte de mal par l'exemple et par le langage déhonté de ceux qui étaient plus âgés. En outre, cette société de personnes de différents sexes et des mœurs les plus corrompues, donnait lieu à un grand nombre de désordres. Enfin, les terres qui dépendaient de l'hospice étaient cultivées avec la plus grande négligence, et à peine si Pierre, malgré tous les efforts qu'il mit en œuvre, put réussir à obtenir un peu de propreté dans la maison, propreté encore plutôt apparente que réelle. Avec quelque assiduité qu'il s'appliquât à chercher un moyen de remédier à cet état de choses, il ne sut qu'imaginer pour corriger ce tas de gens paresseux, démoralisés et dissolus ; de sorte qu'il finit par croire que c'était là peut-être un mal inévitable et fatal qu'il fallait se résigner à subir.

Cependant, de son côté, le curé n'eut ni repos ni cesse. Il ne voulait pas rester plus longtemps témoin d'une si grande corruption de mœurs dans sa paroisse. Mais il était assez prudent pour ne pas s'immiscer d'une manière directe dans les affaires de l'administration communale, parce qu'il tenait à demeurer dans de bons termes avec tous les habitants, afin que son action en fût d'autant plus efficace. Il donnait çà et là un bon conseil, suggérait par intervalle quelque bonne idée, et se réjouissait en lui-même quand l'un ou l'autre des conseillers de la commune l'avait saisie. Il évitait avec soin que personne ne soupçonnât qu'elle fût venue de lui ; au contraire, il en laissait tout l'honneur à celui à qui il l'avait insinuée. Celui-ci finissait par croire qu'il avait trouvé de lui-même le bon chemin ; il en était flatté, et il insistait d'autant plus vivement sur l'exécution de la mesure proposée. Le digne curé croyait aussi que les conseillers d'une commune doivent jouir d'une grande considération, et que celle-ci pourrait être diminuée si l'on disait qu'ils se laissent inspirer et mener par le chef spirituel d'une paroisse. Or, cela ne devait pas être, selon lui ; et en cela il avait parfaitement raison. Aussi il était assez sage pour travailler toujours en silence, en s'effaçant le plus qu'il pouvait devant le monde, et il réussissait de cette manière à coopérer à faire le bien plus que ne le croyaient ceux-là mêmes qui n'agissaient que d'après ses inspirations. S'il arrivait par hasard que tout n'allait pas ainsi qu'il l'eût désiré, il n'était pas homme à s'en affliger ni à retirer la main d'une idée qu'il croyait bonne. Car il avait assez de modestie pour comprendre que d'autres aussi avaient reçu de Dieu le don de l'intelligense, et qu'ils possédaient peut-être mieux que lui la connaissance et l'expérience des choses. Il préconisait et secondait tout ce qui était utile, et cela donnait du courage aux autres et les stimulait. Enfin, quand on sentait qu'on s'était trompé, il excusait volontiers l'erreur qu'on avait commise, et c'était à la fois une consolation et un encouragement à mieux faire.

— Cela ne peut pas marcher plus longtemps ainsi, dit un jour Pierre au curé. Mais, en vérité, je ne sais quel parti prendre. Ces mendiants héréditaires sont pour une commune honorable une véritable lèpre, une plaie, une honte, une vermine qui nous suce le plus pur de notre sang. Je frémis chaque fois que je regarde notre hospice. L'administration nous en coûte des sommes énormes, et cependant elle ne vaut rien, cela saute aux yeux de tout le monde ; elle est tout simplement une lèpre de plus.

— Enfin, mon ami, voilà que vous venez de me parler du fond de votre cœur, lui répondit le curé. Si notre commune n'avait pas d'hospice, elle n'aurait à y entretenir personne. On trouve généralement le plus de mendiants et de fainéants dans les endroits où le patrimoine des établissements de ce genre est le plus riche et où l'on distribue le plus de secours.

— Aussi, repartit Pierre, j'ai bien des fois songé à supprimer l'hospice. Mais cette suppression ne remédierait à rien. Il y aura toujours des pauvres et des vauriens dans les communes les mieux administrées. Que faire de ces gens-là ? Dans certaines localités, j'ai vu qu'on laisse, sans s'inquiéter d'eux, les mendiants rôder de rue en rue, de maison en maison, et chercher à obtenir de l'un ou de l'autre, à force d'obsessions, les restes des repas, l'autorisation de passer la nuit dans le fenil ou dans l'étable ; mais c'est agir avec inhumanité envers les infirmes et les malades, et encourager la paresse et l'immoralité des fainéants valides. Dans d'autres localités, où l'on avait supprimé la mendicité, j'ai vu les indigents entretenus et logés, aux frais de la commune, dans certains ménages désignés spécialement à cet effet. Mais c'était, en général, dans des familles qui étaient presque aussi pauvres qu'eux-mêmes, et qui, tout en cherchant à gagner ainsi quelque peu d'argent, finissaient par se corrompre profondément dans cette société vicieuse et dissolue. La commune, au lieu d'y gagner, y perdait considérablement; car les mendiants ne se corrigeaient point, et ils infectaient de leur immoralité les ménages où ils étaient hébergés. Enfin, monsieur le curé, je pleurerais des larmes de sang, quand je pense à tant de pauvres petits orphelins dont les administrations communales adjugent la surveillance et l'entretien à ceux qui offrent de s'en charger au plus bas prix. J'ai vu que, dans les temps calamiteux, on recevait le prix de la pension de ces petits malheureux et qu'on les laissait presque mourir de faim. Quand ils pleuraient et criaient pour avoir à manger, on les frappait pour les forcer à se taire, de crainte que les voisins ou les passants ne les entendissent. J'ai vu même qu'un jour, un de ces infortunés étant mort et l'autopsie du cadavre ayant été faite, le chirurgien ne trouva dans l'estomac qu'un peu d'herbe et d'eau; il constata, en outre, que les reins et le dos étaient tout couverts d'enchymoses. En vérité, en vérité, les païens, qui ne connaissent pas la loi de Dieu, agiraient avec plus d'humanité qu'on n'en trouve chez beaucoup de nos grossiers villageois. Je sais bien que les administrations de beaucoup de communes se sont occupées d'établir des hospices pour y placer leurs pauvres. Mais en cela elles n'ont pas été guidées par un véritable sentiment d'humanité; elles n'ont eu en vue que de faciliter leur besogne et de s'épargner la peine de s'occuper toujours de leurs indigents; car elles aiment généralement l'autorité plus pour les droits qu'elle confère que pour les devoirs qu'elle impose, et la plupart d'entre elles ne voient dans les dignités qu'un moyen de faire parade, laissant aller les choses n'importe comment.

En entendant Pierre parler de la sorte, le curé se réjouit fort d'apprendre que le bourgmestre avait mis la main sur la plaie, et qu'il était parfaitement au courant de tout.

— Je ne connais pas de matière qui soit plus digne de l'attention de l'homme de bien ni qui mérite plus d'être étudiée, que

celle dont nous venons de nous entretenir, reprit le curé après
quelques moments de silence. Je m'en suis beaucoup occupé, j'y
ai beaucoup réfléchi, et j'ai un jour mis par écrit quelques idées
à ce sujet.

Puis il tira de son pupitre un petit cahier qu'il remit à Pierre
en lui disant :

— Lisez, je vous prie, ces feuillets dans un de vos moments de
loisir. Vous y trouverez beaucoup d'idées qui ne sont pas encore
suffisamment mûries. Mais changez-les, corrigez-les ou rejetez-
les; en un mot, faites-en ce que vous voudrez.

Pierre emporta le cahier, et le soir même il en commença la
lecture. Il le relut plusieurs fois, et en conféra à différentes reprises
avec ses collègues. Ensuite, il retourna chez le curé, lui fit toute
sorte d'objections, écouta ses réponses, et alla se concerter de
nouveau avec ses deux échevins. Finalement, il rédigea, de concert avec le digne pasteur, un projet de règlement pour l'administration des pauvres, et le soumit ensuite aux délibérations du
conseil communal, qui l'adopta, après y avoir à son tour apporté,
après une mûre discussion, quelques amendements utiles.

CHAPITRE XXVI.

Ce que les gens de Valdor font de leurs pauvres.

Après qu'on eut bien concerté et disposé tout, on mit la main à l'œuvre. Cependant, beaucoup de gens ne comprenaient pas comment il était possible qu'on songeât à entreprendre de nourrir tant de mendiants, d'oisifs, de malades, d'incurables, d'estropiés, de vieillards et d'enfants; car tout cela ne pouvait se faire sans des dépenses considérables. Quelques-uns s'inquiétaient même de voir la commune assumer des charges sous lesquelles elle devait nécessairement succomber d'après leurs calculs, et qui allaient inévitablement pleuvoir sur les ménages aisés, sous la forme odieuse et redoutable de contributions extraordinaires. Ces craintes étaient toutes naturelles. Mais heureusement elles n'étaient pas fondées; car elles reposaient uniquement sur l'ignorance où l'on était du plan concerté par le conseil.

Or, voici comment Pierre et ses collègues procédèrent.

Autorisés par l'administration supérieure à tirer de la caisse du bureau de bienfaisance une somme d'argent, ils l'employèrent à acheter un banc de tourneur, des haches de charpentier, des rabots, des scies, des bêches, des houes, et une grande quantité d'autres outils et instruments. Ils firent modifier considérablement la cuisine de l'hospice, de manière à permettre d'y préparer, avec le plus d'économie possible, la nourriture nécessaire au grand nombre d'indigents qu'il fallait entretenir. D'autres changements non moins importants furent faits à la maison. On bâtit deux vastes ateliers, dont l'un était destiné aux hommes et l'autre aux femmes, ainsi que deux infirmeries pour les malades des deux sexes. Les deux étages du bâtiment furent divisés en petites cellules, parfaitement aérées et garnies de tout ce qu'il faut pour coucher. Cependant, hâtons-nous de le dire, on évita soigneusement tout ce qui sentait le luxe, tout ce qui pouvait contribuer à rendre la vie trop commode. Car Pierre disait :

— Gardons-nous de faire à ces gens une existence trop facile. Cherchons, au contraire, à provoquer en eux le désir d'améliorer leur position par leurs propres efforts. Ce sera le meilleur moyen d'exciter leur émulation, et, par conséquent, de les amender.

Enfin, les greniers qui couvraient les trois ailes de l'édifice furent distribués en magasins de laine, de chanvre, de lin et d'autres provisions de tout genre.

Lorsque le bâtiment se trouva disposé de cette manière, Pierre et ses collègues dressèrent une liste de tous les habitants du village qui ne pouvaient vivre qu'avec l'assistance de la commune. Cela fut bientôt fait ; car on ne connaissait que trop bien ces gens. Plusieurs d'entre eux avaient encore leur propre habitation, quelque misérable cabane, ouverte à toutes les intempéries et peuplée de vermine. D'autres erraient, sans abri, d'étable en étable, selon les hasards de leur vie vagabonde.

La liste de ces malheureux étant faite, on ouvrit les portes de l'hospice. On n'eut pas de peine à y faire entrer ceux qui n'avaient point d'asile ; car l'hiver approchait. Quant aux autres, on visita scrupuleusement leurs maisons, afin d'en juger la salubrité et de voir si elles étaient assez spacieuses pour ne pas forcer mari, femme et enfants des deux sexes de loger pêle-mêle dans la même chambre. Beaucoup de ces masures ne paraissant pas répondre aux conditions voulues, le conseil en amena les habitants, les uns par la persuasion, les autres par la force, à déguerpir et à entrer dans la maison de refuge.

De cette manière les indigents et les nécessiteux du village furent répartis en deux classes. L'une se composait des pauvres de l'hospice, l'autre des pauvres à domicile. Mais les uns et les autres étaient placés sous la surveillance commune de l'institut de bienfaisance, sans distinction de catégorie. Quant aux enfants, on les laissait volontiers auprès de leurs parents. Mais ceux, dont la famille n'avait pas de logement suffisant ou dont les parents étaient connus pour leur déréglement, on les admit à l'hospice, ou on les plaça, aux frais de la commune, soit dans le village même, soit dans la ville, chez des gens honnêtes et d'une probité trop bien établie pour laisser soupçonner qu'ils se chargeaient, dans un simple but de spéculation, de l'entretien et de l'éducation de ces petits malheureux. Le bon curé, qui était un véritable père des orphelins, offrit de prendre chez lui et d'entretenir à ses frais, deux de ces enfants, dont personne ne voulait à cause de leur méchanceté et de leur caractère volontaire et violent. Il lui suffit de peu de mois pour les changer entièrement et en faire des garçons vertueux, doux et laborieux, ce qui fut un objet d'admiration pour tout le monde.

C'est ainsi qu'on eut soin de soustraire les enfants à l'exemple pernicieux de leurs parents et de les élever dans la crainte de Dieu et dans l'amour du travail, eux qui étaient naguère dressés à la mendicité, au vol et au vagabondage.

Quand le conseil eut ainsi donné un abri à tous les indigents, il publia un arrêté dont la substance était contenue dans les quatre articles suivants :

1. La mendicité est strictement défendue.

Toute personne surprise en flagrant délit de mendicité, est immédiatement arrêtée par les agents de la force publique et livrée à la police pour être traduite devant le juge de paix qui statuera comme de droit.

2. Celui qui n'est pas en état de pourvoir à sa propre subsistance et dont les ascendants ou les descendants, s'il en a, ne sauraient y pourvoir, est entretenu aux frais de la commune.

3 Tout indigent, entretenu aux frais de la commune, soit dans l'hospice, soit autrement, est soumis à la surveillance et à l'autorité immédiates du conseil des indigents.

4. S'il est reconnu valide, le conseil des indigents lui impose l'obligation d'un travail manuel, approprié à son âge et à ses forces.

Ces dispositions étaient aussi justes que sages ; car il fallait s'attacher à apprendre à ces malheureux à travailler et à se suffire à eux-mêmes. Pour en assurer la stricte exécution, on nomma un conseil des indigents, dont les membres, au nombre de cinq, furent choisis parmi les chefs de ménage les plus intelligents et les plus zélés. On les appelait maîtres des pauvres, et ils étaient chargés, non-seulement de l'administration de l'hospice, mais encore d'exercer une active et paternelle surveillance sur les indigents à domicile et sur les enfants mis en pension dans d'autres ménages, Il faut le dire, c'étaient tous des hommes de bien, qui s'acquittaient consciencieusement du devoir qu'ils s'étaient volontairement imposé. Ils s'occupaient de tout ce qui concernait la propreté et la salubrité de l'hospice ou des habitations des pauvres à domicile, la nourriture, les vêtements et la moralité des indigents, le soin des malades et des infirmes, l'instruction et l'éducation des enfants, l'ordre et l'activité des ateliers. Pour mieux stimuler le zèle de cette population, ils décernaient tous les ans un prix de propreté, un prix de travail et un prix de vertu ou de bonne conduite. N'oublions pas de dire que le travail était rémunéré, et que sur le salaire de chaque semaine on retenait, d'après un tarif fixe, le montant de la dépense qu'avait coûtée à l'institution l'entretien de chaque chef de famille et des siens. Le surplus était versé aussitôt dans la caisse d'épargne et servait à former une masse pour chaque pauvre ou pour sa famille. Par ce moyen, on leur enseignait l'économie et on les empêchait de dépenser leur argent à boire et à manger d'une manière superflue.

Le digne curé était naturellement le président du conseil des indigents, et ses quatre collègues lui faisaient régulièrement, chaque samedi, un rapport de ce qui s'était passé, pendant le cours de la semaine, soit dans l'hospice même, soit dans les habitations des pauvres à domicile. Il tenait registre de toutes leurs observations, dont il donnait chaque mois communication au conseil communal, sauf les cas extraordinaires, tels que celui de rébellion, de mauvaise conduite ou d'immoralité, qu'il devait dénoncer dans les vingt-quatre heures. Ces cas étaient naturellement très-rares ; car les gens étaient traités avec une grande douceur et beaucoup d'humanité. On s'appliquait à relever en eux le sentiment moral, et à leur faire comprendre que tout ce qu'on faisait était pour leur propre bien. Ils avaient dans chacun des membres du conseil un ami, un guide, un protecteur, un père bienveillant et plein de sollicitude pour eux, pour leur famille, pour leur présent et pour leur avenir. Aussi y avait-il entre eux une émulation vraiment touchante. C'était à qui remplirait le mieux tous ses devoirs. Et si, par hasard, l'un d'eux se rendait coupable de quelque faute, il suffisait d'une simple remontrance, d'un mot affectueux, pour le ramener.

Mais le lecteur nous demandera sans doute :

— Comment faisait-on face aux énormes dépenses qu'une institution semblable devait naturellement entraîner ?

Il faut l'avouer, le patrimoine spécial du bureau de bienfaisance était loin d'y suffire. Mais Pierre disait :

— C'est là une question complexe, et nous devons ici établir une distinction. Règle générale : la commune n'est pas tenue d'entretenir ceux d'entre ses habitants qui sont valides, sains et capables de travailler utilement ; elle est obligée de donner un asile et l'entretien à ceux qui sont infirmes, malades et dans l'impossibilité absolue de se suffire à eux-mêmes.

Aussi tout ce qui était valide, hommes, femmes et enfants, était tenu de travailler, chacun selon ses forces. Le travail était de huit heures par jour, les dimanches et les jours de fête exceptés. Celui qui s'y refusait, devenait débiteur de la caisse de l'hospice pour une somme égale au prix que son entretien coûtait. Huit jours de refus obstiné entraînaient l'expulsion de celui qui s'en rendait coupable, et il ne pouvait plus prétendre à aucune assistance de la part de la commune, ni se livrer à la mendicité sans risquer de se voir arrêté, conduit devant le juge et condamné à la prison.

Les travailleurs recevaient une nourriture saine et abondante. Le dîner se composait d'un excellent potage, et d'un bon légume, auquel on joignait de la viande deux fois par semaine. Le travail qu'ils faisaient en dehors des heures déterminées, formait un compte à part, et les objets qu'ils façonnaient ou qu'ils fabriquaient étaient vendus à leur profit par l'hospice ; le produit en était versé dans la caisse d'épargne en leur nom et servait à leur faire un petit

pécule. Celui qui jurait ou qui blasphémait, qui tenait des propos
indécents ou qui se livrait à quelque autre désordre, était puni
d'une amende que l'on prélevait sur sa masse et qui était immédiatement versée dans la caisse des infirmes et des vieillards. Au
contraire, celui qui se conduisait bien et qui montrait du zèle pour
le travail, pouvait prétendre à voir améliorer sa position. Il pouvait
devenir sous-surveillant de l'hospice, chef d'atelier, chef d'une es-
couade de travailleurs ou garde-magasin ; car c'était parmi ceux
qui se distinguaient le plus par leur bonne conduite et par leur
activité, que l'on choisissait les hommes destinés à ces emplois.
Ceux-là jouissaient d'un certain privilége. Ils n'étaient tenus qu'à
quatre heures de travail par jour ; le reste du temps leur appartenait, et ils pouvaient l'utiliser à leur profit particulier.

Le surveillant de l'hospice et les femmes préposées à la cuisine
étaient entièrement dispensés du travail commun. Ce qu'ils pouvaient gagner en dehors des heures réclamées par leurs occupations spéciales, leur appartenait en propre et était déposé à la caisse
d'épargne, de même que le salaire extraordinaire et personnel des
autres membres de la communauté.

C'est à la pieuse Lisbeth qu'était confiée l'inspection du ménage.
Elle en tirait souvent occasion pour apprendre, à tour de rôle,
aux mères de famille indigentes la manière la plus économique de
faire une bonne cuisine. Une femme, internée dans l'établissement, était chargée de tout ce qui concernait la lessive, l'entretien
et le renouvellement des ustensiles de la cuisine, du linge de la
maison et des vêtements de ses habitants.

Il y avait toujours de l'ouvrage en abondance. Non-seulement
on avait à s'occuper de la culture du verger et du potager de la
maison et à y tirer toute sorte de fruits, de légumes et d'autres produits, tels que des choux, des navets, des fèves, de la salade, des
pommes de terre, du lin, du chanvre, des plantes oléagineuses, —
mais encore à travailler les terres qui constituaient le domaine
spécial de l'hospice. En outre, chacun des pères de famille indigents qui avait obtenu un lot dans le partage du pré communal,
pouvait le cultiver, après les heures ordinaires de travail ; ce qu'il
en retirait était vendu à son profit et déposé à la caisse d'épargne.

Les occupations des hommes ne se bornaient pas à la culture. Ils devaient aussi entretenir et améliorer les routes, nettoyer les sources et les ruisseaux, assainir les terres marécageuses en creusant des rigoles pour faciliter l'écoulement des eaux, drainer les prairies et les champs, couper, scier et fendre le bois nécessaire à l'usage de l'hospice, replanter tous les ans les parties déboisées de la forêt, faire aux bâtiments de la maison et aux habitations des pauvres à domicile les réparations qu'exigeaient la charpente, la maçonnerie, les portes, les fenêtres, les planchers et les escaliers. Quand le temps était mauvais et pendant l'hiver, leurs occupations n'étaient pas moins variées.

Les charpentiers, les menuisiers et les tourneurs façonnaient toute sorte d'ustensiles de cuisine, de meubles et d'instruments aratoires. D'autres apprenaient à tisser de la toile de chanvre et de lin, ou une sorte de demi-drap de fil et de laine, qui est d'un usage très-durable.

Les femmes, et souvent même les enfants, devaient aider aux travaux des champs pendant l'été, quand les bras manquaient. Elles s'occupaient, en outre, de laver le linge et d'entretenir les vêtements de tous les membres de la communauté, de filer du lin, du chanvre et de la laine, ou de dévider le fil nécessaire aux tisserands, de tricoter des bas ou des camisoles, de coudre des chemises, des draps de lit, des jaquettes et des jupons, et d'autres travaux du même genre.

De cette façon, chacun se rendait utile à tous, et tous se rendaient utiles à chacun. Les gens s'en trouvaient si bien, que trois ou quatre familles indigentes vinrent l'une après l'autre demander à être admises à l'hospice, après s'y être refusées d'abord par crainte, en prétextant qu'elles sauraient bien se suffire à elles-mêmes sans l'assistance de la commune.

Les avantages de cette organisation résidaient particulièrement en ce que l'administration de l'hospice était tout à fait gratuite; Car ni le directeur, ni les sous-directeurs, ni les chefs d'atelier, ni les gardes-magasins, ni les cuisinières, ni aucun des autres employés, ne coûtaient un centime à l'établissement, dont ils étaient

bres à coucher telles que vous les désirez. Si vous partez, songez
bien que la mendicité est défendue et que le garde champêtre,
les gendarmes et le juge de paix sont là pour vous consigner dans
une chambre à coucher où il n'y a pas de lit et où l'on se nourrit
très-sobrement de pain et d'eau.

Ce langage fit entendre raison aux récalcitrants, qui finirent par
se résigner et par chercher à améliorer leur position en se sou-
mettant. D'ailleurs, l'hiver approchait, et beaucoup d'entre eux
songèrent qu'il est peu agréable de battre les grandes routes
quand la bise souffle, d'aller de porte en porte quand la neige
tombe, et de coucher dans un fenil, dans une étable et parfois
même à la belle étoile quand il gèle. Cette réflexion si sage réduisit considérablement leurs prétentions et leurs exigences.
Mais, au bout de quelque temps, quand ils eurent goûté de la
nourriture saine de la maison, et vu qu'on les traitait avec douceur, quand ils eurent commencé à contracter l'habitude du travail et placé quelques francs dans la caisse d'épargne, ils n'auraient plus voulu sortir de l'hospice ; car c'eût été faire une croix
sur leur réserve, et ils tenaient, au contraire, à l'augmenter le plus
qu'il était possible. Quelques-uns, à la vérité, foncièrement incorrigibles, prirent la fuite et recommencèrent leur vie de vagabondage. Mais ce ne fut qu'à leur propre détriment ; car leur départ
était tout bénéfice pour la commune qui n'avait plus à les entretenir.
Plusieurs de ceux-là ne reparurent plus jamais dans le village, et
ce ne fut pas un malheur pour Valdor. D'autres furent arrêtés
comme vagabonds par le garde champêtre et par les gendarmes,
puis condamnés par le juge de paix à plusieurs semaines de prison. Sortis de là, ils furent ramenés à l'hospice, où ils se décidè-
rent enfin à se soumettre à la loi de la maison.

En moins de huit ou neuf mois, on triompha de toutes les résis-
tances, et il n'y eut plus dans la commune un seul homme qui
se livrât à la mendicité, excepté ceux qui s'étaient enfuis et qui
erraient sans doute dans les pays étrangers.

Quelques indigents à domicile avaient aussi, dans l'origin
essayé de s'opposer au règlement de l'institut, en se constituant
les défenseurs opiniâtres de la crasse et de la malpropreté dans

laquelle ils étaient habitués à vivre. A les entendre, c'était pratiquer la plus odieuse tyrannie que de les forcer à tenir leurs maisons
propres et salubres, s'ils ne voulaient renoncer à tout secours de
l'hospice, argent et nourriture. Mais on les réduisit aisément par
la famine, en vertu de ce dicton que les gens de Valdor érigèrent
en principe :

— Celui qui veut manger, doit travailler, et celui qui veut être
à l'aise, doit faire bien ses affaires.

Auparavant l'administration de l'hospice avait coûté beaucoup
d'argent. Maintenant elle était tout à fait gratuite ; car ni le curé,
ni Pierre, ni les membres du conseil des indigents, ni Lisbeth, ni
Sébastien, ne voulaient s'enrichir du patrimoine des pauvres. Les
gens internés dans l'établissement faisaient eux-mêmes tous les
travaux de la maison, et c'est parmi eux, comme nous l'avons dit,
que l'on choisissait le directeur, les sous-directeurs, les chefs
d'atelier et les autres employés. C'était une grande récompense
que d'obtenir une de ces positions, et c'était une grande punition
que d'en être dégradé. Aussi étaient-elles constamment recherchées avec ardeur, et on rivalisait de zèle pour les obtenir. Les
terres, le verger et le potager de l'hospice, de même que les lots
obtenus par les familles indigentes dans le potager de l'ancien pré
communal, donnaient des produits beaucoup plus considérables ;
car ils étaient travaillés et cultivés avec infiniment plus de soin
qu'ils ne l'avaient été naguère.

Au commencement, les gens de l'hospice furent d'une maladresse
extrême à manier le rabot, la scie, la carde à laine ou à lin, le tour
ou la navette. Mais il fallait bien qu'ils fissent leur apprentissage.
Du reste, le conseil des indigents fit venir de la ville quelques bons
ouvriers qui initièrent les hommes à la pratique des divers métiers. Une fois mis au courant, ils purent marcher d'eux-mêmes ;
car le proverbe dit : C'est en forgeant qu'on devient forgeron. Dès
lors il était aisé de vêtir les gens à peu de frais ; et, comme on
avait tout sous la main, on pouvait, presque sans dépense, se
pourvoir de bancs, de chaises, de tables, d'armoires, de bois de lit,
de meubles et d'ustensiles de tout genre, et faire au bâtiment les
réparations nécessaires. Il en était de même pour l'ameublement

et l'entretien des habitations des pauvres à domicile, auxquels l'hospice pourvoyait de la même manière.

Si, d'un côté, l'hospice gagnait et s'améliorait considérablement par le concours de tant d'hommes qui ne travaillaient que pour êtes vêtus et nourris, — ceux-ci n'y trouvaient pas un bénéfice moins considérable; car tout le produit du travail qu'ils faisaient en dehors des huit heures que l'hospice réclamait d'eux par jour, était versé pour eux à la caisse d'épargne; il portait intérêt. Il en était de même de ce qu'ils pouvaient économiser sur la récolte fournie par leur lot de terre, et qui, vendue à leur profit, servait à grossir leur petit pécule. Et ce n'était pas là un mince avantage pour eux-mêmes ni pour la commune; car ils contractaient le goût du travail et le désir de faire des économies et d'augmenter leur avoir, parce qu'ils entrevoyaient le moment où ils seraient entièrement indépendants et où ils pourraient même jouir d'une certaine aisance relative.

Comme les emplois de l'hospice, qui conféraient le privilége d'être entièrement affranchi du travail commun ou de jouir d'une certaine remise d'heures, étaient toujours confiés aux plus laborieux et à ceux qui se distinguaient plus particulièrement par leur bonne conduite, — il y avait une puissante émulation parmi ces hommes, dont chacun s'efforçait de faire mieux que son voisin et de mieux remplir ses devoirs; de leur côté, ceux qui étaient en possession d'un de ces emplois, s'appliquaient de toutes leurs forces à ne pas s'en rendre indignes, parce qu'ils savaient très-bien que la moindre faute pouvait les faire déchoir d'un avantage qui était convoité par un grand nombre.

On comprend sans peine que les habitants de l'hospice durent bientôt devenir d'excellents et habiles ouvriers. Si bien que, non-seulement les paysans du village, mais encore beaucoup de bourgeois de la ville finirent par y faire travailler ou par acheter les objets qu'on y fabriquait. Et, quand un de ces ouvriers s'apercevait qu'il gagnerait plus en travaillant pour son propre compte que pour celui de l'établissement, il demandait son congé, se louait une maison dans le village ou dans la ville et trouvait à vivre très-honorablement de son métier. Cette perspective était un nouveau stimulant, qui encourageait beaucoup de gens à se perfectionner dans la pratique de leur profession.

Avons-nous besoin de le dire ? Chacun dans le village se réjouissait de n'être plus tourmenté le jour par les obsessions des mendiants, et de pouvoir s'endormir le soir tranquillement et sans avoir à craindre qu'on vînt, pendant la nuit, voler dans sa maison, dans son jardin ou dans son champ. Aussi, quand il manquait quelque chose à l'hospice, chacun se faisait un plaisir de l'y envoyer, au lieu de le donner en aumônes à sa porte. Mais le rétablissement de la sécurité générale n'était pas le seul avantage produit par la nouvelle organisation de l'hospice. Il en résultait encore un autre, auquel personne n'avait songé jusqu'alors. Aux époques de l'année où le soin des champs avait cessé de réclamer les bras, on s'était livré à d'autres travaux en plein air. Ainsi on avait pavé toutes les rues du village, où souvent, quand il faisait mauvais temps, on enfonçait naguère jusqu'à mi-jambe dans la boue ; on avait resserré entre deux solides murailles le ruisseau qui débordait fréquemment et s'épandait en flaques énormes jusque dans les cours des maisons ; on avait réparé tous les chemins vicinaux et les sentiers, longtemps restés pour ainsi dire impraticables à cause des trous et des ornières qui les creusaient partout ; on avait planté avec le plus grand soin toutes les parties de la forêt communale à mesure que les coupes successives l'avaient éclaircie. Dans toute la contrée, vous n'eussiez pas trouvé une forêt mieux tenue que celle-là, ni un village plus propre que celui de Valdor. Il venait même de la capitale de hauts fonctionnaires du gouvernement pour visiter les institutions dont la commune avait le droit de s'enorgueillir, et, certes, ils auraient bien voulu voir s'en organiser de semblables dans d'autres localités. Mais pour cela il aurait fallu qu'il s'y trouvât un curé aussi actif que celui de Valdor, un homme aussi intelligent et aussi zélé que Pierre, et une femme aussi sage et aussi dévouée que Lisbeth. Cependant l'exemple donné par Valdor ne devait pas rester stérile. Dans beaucoup d'endroits on s'appliqua à l'imiter, et dans quelques-uns le succès couronna les efforts des administrations. Essayer vaut mieux qu'étudier. La pratique aura toujours le pas sur la théorie ; et, quand on veut une bonne chose avec le zèle que la charité inspire, cette chose doit réussir.

CHAPITRE XXVIII.

Encore quelque chose de nouveau.

— Que Dieu nous soit en aide ! Pierre nous brasse encore quelque chose de nouveau, se disaient entre eux les gens de Valdor.

— Et le Ciel seul pourrait nous dire ce que nous allons voir bientôt, ajouta un vieillard d'un ton presque mystérieux.

En effet, depuis plusieurs semaines, on voyait, aux heures où tout le monde se reposait du travail de la journée, Pierre parcourir les champs avec Sébastien et quelques-uns de ses élèves. Ceux-ci traînaient après eux une longue chaîne et plantaient çà et là dans le sol des perches au bout desquelles étaient fixées des planchettes peintes en noir et en blanc, — tandis que Pierre, debout devant une petite table aux jambes énormes, regardait par-dessus dans la direction des perches avec une attention dont rien ne paraissait pouvoir le distraire. Par moments Sébastien regardait aussi avec une attention non moins assidue. Et cependant que pouvait-il y avoir d'intéressant à tenir ainsi les yeux fixés sur ces planchettes de deux couleurs ? Evidemment il y avait là-dessous quelque chose de mystérieux. Mais quel était le mot de cette énigme ? Personne ne put le dire.

Ce manège dura une année tout entière. Au bout de ce temps, on apprit que Pierre avait mesuré tous les champs et qu'il en dressait un plan sur lequel on devait voir figurer tous les chemins et jusqu'au moindre sentier. Alors un grand nombre de paysans furent pris de peur ; car des bruits de guerre avaient recommencé à circuler, et quelques gens pensaient que Pierre pourrait bien avoir l'intention de trahir le pays et de le livrer à l'ennemi.

Or, voici le véritable motif qui avait dirigé Pierre. Il savait l'art
de mesurer les terres, et il possédait plusieurs livres qui en trai-
taient. Il y avait initié son ancien élève, l'instituteur Sébastien, et
quelques jeunes gens de l'école qui avaient des dispositions pour
la géométrie et pour les opérations de l'arpentage. Comme la forêt
et les autres propriétés communales n'avaient jamais été exactement mesurées, l'idée lui vint d'en lever le plan. Peu à peu, il
étendit son cadre; et, dans ses moments de loisir, il releva toutes
les propriétés particulières. De sorte que bientôt il eut réuni les
éléments nécessaires pour dresser un plan général et détaillé de la
commune. Sur ce plan se trouvaient très-distinctement indiqués
chaque pièce de terre, chaque maison, chaque bouquet de bois,
chaque sentier, chaque haie de clôture. Un arpent de terrain y
occupait à peine un pouce carré. Quand cette énorme carte fut
terminée, Pierre l'accrocha dans la grande salle de la maison communale.

On en parla bientôt partout comme d'une chose prodigieuse.
Depuis ce moment, il ne se passait pas de jour que les paysans
n'allassent en foule la voir, y chercher leur maison, leur champ ou
leur pré, et s'émerveiller de cet étonnant travail. Ce qui les frappait surtout, c'est que chacun y trouvait marquée la mesure exacte
de sa propriété. Jamais on ne l'avait connue d'une manière aussi
précise. C'est pourquoi ce fut à qui s'empresserait d'aller prendre
soigneusement note de l'étendue que présentaient ses propriétés,
en longueur, en largeur et en superficie totale. Ces indications in-
téressaient tout le monde pour les cas de vente ou d'achat; car
jusqu'alors on avait toujours grossièrement déterminé la contenance des champs d'après le nombre des pas qu'ils mesuraient.
De sorte que l'un avait été évalué en deçà, et l'autre au delà de sa
contenance réelle. Or, maintenant chaque propriétaire voyait au
juste combien de terre il possédait dans la commune, ce qui était
très-utile à savoir.

Mais un jour Pierre dit aux gens qui ne cessaient de regarder le
plan avec une insatiable curiosité :

— Cependant ce n'est pas encore là ce qu'il contient de plus
utile. Je sais, moi, un avantage bien plus grand que vous pourriez en retirer.

— Un avantage bien plus grand encore? Mais, parbleu! hâtez-vous donc de nous le dire, s'écrièrent les curieux.

— Un peu de patience, mes amis, répliqua Pierre. Devinez. Je vous laisse jusqu'au jour de Noël pour chercher le mot. Si, ce jour-là, vous ne l'avez pas trouvé, je vous l'apprendrai.

Depuis ce moment, chacun se creusa l'esprit et se gratta l'oreille, cherchant à deviner ce que Pierre avait voulu dire. Il y avait des gens qui n'en pouvaient dormir souvent la moitié de la nuit. Ils se livrèrent à mille conjectures les unes plus bizarres que les autres. Mais personne ne réussit à deviner l'énigme. Heureusement le jour de Noël approchait à grands pas, quoiqu'il s'avançât trop lentement encore au gré de beaucoup de villageois qui avaient déjà été très-contents de trouver marquée sur le plan la contenance exacte de leurs terres, de leurs jardins et de leur prés.

Or, le lendemain de la fête de Noël, toute la commune se trouvait assemblée pour traiter différentes affaires. Quand l'ordre du jour eut été épuisé, Pierre s'adressa à la foule et dit :

— Chers concitoyens, vous connaissez tous suffisamment le plan de la commune de Valdor, tel que l'instituteur Sébastien et quelques-uns de ses élèves l'ont scrupuleusement dessiné sous ma direction. Chacun de vous a eu son idée sur l'utilité de ce travail. Moi aussi j'ai eu la mienne, et je vais vous la communiquer. Souvent, en regardant les champs, que nous cultivons à la sueur de notre front, pour en faire sortir, si Dieu les bénit, la moisson qui doit nous donner le pain quotidien, je me suis dit avec un profond serrement de cœur que ce travail est bien dur pour nous ; souvent je me suis dit avec une véritable angoisse, que, malgré ce travail, nos terres sont loin d'être aussi bien cultivées qu'elles pourraient l'être, et conséquemment loin de donner le produit qu'elles pourraient fournir. Or, en me parlant ainsi en moi-même, un jour que je considérais la manière dont nos champs sont disposés, je vis jaillir une lumière devant les yeux de mon esprit, et j'acquis la conviction que le mal provient d'un vice capital dans notre économie rurale. C'est pour vous communiquer cette conviction intime et vous la rendre palpable, que j'ai fait dresser le plan que voici ;

car, mes chers concitoyens, c'est pour moi une vérité aussi claire que la lumière du soleil, que, si vous voulez vous entendre entre vous, la plupart de vos terres seront d'un produit bien plus considérable qu'elles ne l'ont été jusqu'à présent, quoiqu'avec une moindre dépense de temps et d'argent.

— Si cela est ainsi, nous sommes tout disposés à nous entendre, s'écrièrent en ce moment un grand nombre de voix dans toutes les parties de la salle.

— Mes amis, ce serait pour l'avantage de vous tous, continua Pierre. Or donc, je vous dirai ce qui vous a occasionné jusqu'à présent une énorme dépense qu'il ne tient qu'à vous d'épargner : c'est le temps. Je m'explique. Les champs que chacun de vous possède, ils les a acquis, par succession ou par achat, l'un après l'autre et comme ils se présentaient. De sorte qu'il a une pièce située au pied de la montagne, une autre derrière la forêt, une autre en deçà du pont, une quatrième à côté de la grand'route, une cinquième le long du ruisseau, une sixième près de la carrière. Ce morcellement l'oblige à perdre inutilement je ne sais combien de quarts d'heure à aller d'une pièce à l'autre. Il en est de même pour ses garçons et pour ses servantes. Il en est de même encore pour ses charrettes qui transportent le fumier, pour sa charrue qui laboure le sol, pour sa herse qui réduit les mottes de terre, pour son chariot qui enlève la moisson. Si vous mettez ensemble tous ces quarts d'heure, vous verrez qu'il se consomme en allées et en venues une partie de la journée qui pourrait être plus fructueusement employée au travail. Cependant vous payez à vos garçons et à vos servantes tout ce temps perdu, sans qu'il vous rapporte rien. Ils travaillent d'autant moins par jour, et ils cultivent vos champs avec d'autant moins de soin, parce que le temps nécessaire leur manque.

Beaucoup d'entre vous s'abstiennent d'acheter quelque nouvelle pièce de terre, parce qu'ils n'ont pas assez de temps pour soigner convenablement celles qu'ils ont et qui ne sont pas déjà si considérables. Mais ils ne songent pas que ce sont précisément ces allées et ces venues qui leur enlèvent le temps. Il est donc évident que, si chacun avait tous ses champs réunis en une seule pièce, il

pourrait, avec le même nombre d'ouvriers et dans le même espace
de temps, cultiver le double de la terre qu'il tient maintenant sous
la charrue, et il en serait d'autant plus riche.

— Cela est parfaitement juste, interrompirent quelques voix.
Mais le difficile est de remédier à cet état de choses.

— A moins que chacun de nous ne prenne ses champs sur son
dos et ne les entasse l'un sur l'autre, murmura entre ses dents un
vieux fermier.

— Gardez-vous de croire que le remède soit aussi difficile qu'il
paraît l'être au premier coup d'œil, reprit Pierre. Cela ne veut pas
dire que tout s'effectuera sans quelque embarras. Mais ces embarras, vous les surmonterez avec un peu de bonne volonté. Il s'agit
tout simplement d'opérer entre vous l'échange de vos champs dis-
séminés sur tous les points de la commune, de manière que chacun
ait une terre d'une seule pièce. Pour parvenir à ce résultat, il faut
que chacun s'entende avec son voisin. S'il y a une différence de
valeur entre les pièces à échanger, quel mal y a-t-il à la solder en
argent ? Il y a profit pour tout le monde à cela. Le grand avantage
consiste à ce que chacun s'arrondisse. Si vous ne pouvez pas tomber d'accord entre vous, rapportez-vous-en à des gens qui fassent
impartialement l'estimation de vos propriétés ou à des arbitres
consciencieux, ou bien encore tirez au sort, si vous l'aimez mieux,
pour voir qui aura sa terre de ce côté-ci ou de ce côté-là. Je vous
le répète, ne vous effrayez pas de quelques petites difficultés, et ne
vous contentez pas de laisser vos champs dans l'état de morcellement où ils sont, parce que cet état de choses a duré depuis trop
d'années ; car il s'agit ici de devenir plus riches sans vous donner
plus de peine.

Lorsque Pierre eut parlé de la sorte, chacun se retira en
secouant la tête. A la vérité, il n'y eut pas dans toute la commune
un seul homme qui ne regardât comme excellente l'idée qui venait
de leur être suggérée ; mais tous prétendaient qu'on ne parvien-
drait jamais de la vie à tomber d'accord sur ce système d'échange.
Cependant quelques-uns, dans leurs moments de loisir, se
mirent à méditer ce que Pierre leur avait dit, et à examiner

quelle pièce de terre ils pourraient offrir en échange au propriétaire d'un champ attenant à celui qu'ils aimaient le mieux conserver. Après y avoir un peu réfléchi, ils commencèrent à en
parler à un de leurs voisins par forme de badinage. Celui-ci
n'était pas toujours disposé à accepter l'offre qu'on lui faisait, et il
manifestait le désir de posséder une pièce qui appartenait à un
troisième. Alors les deux parties s'adressaient à ce tiers. Ainsi
l'un poussait l'autre, et bientôt chacun se trouva en train de
combiner dans son esprit un plan qui devait avoir pour objet de
lui faire une terre d'un seul morceau. Des négociations ne tardèrent
pas à s'ouvrir. Les unes réussirent, les autres échouèrent ; mais il
en résultait toujours quelque chose. On eût dit Valdor transformé
en une salle d'adjudication ou en une agence d'affaires ; car on ne
parlait partout que de terres à échanger et de marchés à conclure.
C'était un texte inépuisable de causeries le soir, le dimanche surtout quand les offices étaient finis. On se réunissait, pour en parler, tantôt chez l'un, tantôt chez l'autre ; car aucun homme qui se
respectait n'eût mis le pied dans un cabaret pour faire passer son
bon et bel argent par le gosier. On aimait beaucoup mieux boire
tranquillement un petit litre de bierre auprès de sa femme et de
ses enfants les dimanches et les jours de fête. « Pierre avait dit :
Tout ne s'effectuera pas sans quelque embarras. » Et il avait dit
vrai. Cependant à peine se fut-il passé une demi-année, que déjà
cinq ménages avaient entièrement arrondi leur terre. Ce résultat stimula les autres ; car ils ne tardèrent pas à s'apercevoir
combien il était avantageux d'avoir tous ses champs réunis en
une seule pièce. Ils s'appliquèrent donc avec ardeur à réussir
également à s'arrondir. La maison communale était tous les
soirs le but de plusieurs rendez-vous. Alors il fallait voir les groupes animés de gens qui négociaient leurs échanges devant l'énorme
plan que Pierre avait dressé. On entendait jusque dans la rue
leurs discussions et leurs débats. Parfois même on voyait l'un ou
l'autre d'entre eux sortir tout en colère, puis rentrer un moment
après pour faire de nouvelles propositions à celui avec qui il
traitait. Or, ces négociations à quoi aboutirent-elles ? On vit
d'année en année les terres mieux s'arrondir et les bons résultats
en devinrent tellement évidents qu'ils frappèrent tous les yeux.

CHAPITRE XXIX.

Nouvel aspect du village de Valdor.

Le village de Valdor était devenu par degrés un véritable val d'or. Rien n'était plus charmant à voir. Entouré d'une ceinture de jardins cultivés avec le plus grand soin et tous peuplés d'arbres fruitiers en plein rapport, il était situé au milieu de riches et vastes prairies et de champs dorés de moissons ; si bien qu'on eût presque dit un morceau détaché du paradis terrestre.

Les sentiers qui circulaient à travers les champs, étaient aussi propres, aussi unis que les sentiers ratissés d'un jardin, et les grandes routes qui traversaient la commune étaient bordées, des deux côtés, d'arbres à fruit qui offraient au voyageur altéré la fraîcheur de leur ombre et la succulente richesse de leurs pommes, de leurs poires ou de leurs cerises. En entrant dans le village, on n'aurait pu s'imaginer que ce fût dans un simple village qu'on entrât ; on se serait cru plutôt dans quelque bourg important. Car les maisons, sans être très-grandes, étaient cependant toutes fort belles et parfaitement entretenues depuis le pied jusqu'au sommet. Les fenêtres reluisaient de propreté. Les portes et les volets étaient nettoyés avec soin ou fraîchement peints. Les toits étaient tous couverts de tuiles ou d'ardoises ; car un arrêté du conseil communal avait interdit les toits de paille afin de prévenir les incendies. Sur un grand nombre de pignons on voyait s'aiguiser la tige d'un paratonnerre. A toutes les fenêtres souriaient des fleurs, et devant ou derrière les maisons s'épanouissaient de petits jardins, qui étaient dessinés avec un goût charmant et au fond desquels bourdonnaient quelques ruches d'abeilles. Quand les gens se rencontraient dans la rue ou dans les champs, ils se donnaient affectueusement le bonjour, ou badinaient amicalement en passant. Rien qu'à les voir, on s'apercevait qu'ils vivaient ensemble comme des frères, que l'un n'enviait pas l'autre, et que chacun était content de son sort. Du reste, cela devait être. Pendant la semaine, quand il fallait se livrer aux travaux des champs et des jardins, ils étaient vêtus avec la plus grande simplicité, mais avec une propreté qui faisait plaisir à voir; on n'eût rencontré personne qui eût des habits déguenillés ou tachés de graisse ou de boue. Si leurs visages étaient brunis par le soleil, au moins ils étaient lavés avec soin, et aucun n'était défiguré par une chevelure mal peignée ou par une barbe inculte. La force et la santé brillaient dans tous les yeux. Les jeunes gens des villages voisins recherchaient de préférence les jeunes filles de Valdor, non-seulement parce qu'elles étaient propres et agréables, mais encore parce qu'elles étaient soigneuses, économes, rangées, et bonnes ménagères. Aussi plus d'un fils de fermier d'une autre commune venait-il se choisir une femme à Valdor ; car, si elle ne lui apportait pas toujours une grosse somme d'argent, elle avait pour dot beaucoup d'ordre et de vertu, ce qui vaut mieux. De leur côté, les jeunes gens du village qui allaient chercher femme au dehors, n'avaient qu'à choisir parmi les filles du pays. Un père de famille y songeait à deux fois avant de refuser sa fille à un garçon de Valdor, quand même il était moins riche qu'elle ne l'était ; car il savait que son enfant serait bien établie et heureuse dans son ménage. Tout cela servait à augmenter considérablement le bien-être général dans la commune.

Des mendiants, des vagabonds, on n'en voyait plus à Valdor; cela s'entend de soi-même. Mais ce qui frappait les passants, c'est qu'on ne remarquait nulle part le moindre indice, la moindre trace de misère ; car jusqu'aux gens de l'hospice, tous les pauvres étaient bien nourris et décemment vêtus. Entrait-on dans la plus modeste, dans la plus humble habitation, on pouvait réellement se croire dans la maison d'une famille aisée. Le plancher était frotté avec soin. Les bancs, les chaises, la table, l'armoire, la cheminée, le miroir, tout était d'une propreté extrême. Bref, rien n'y rappelait ces bouges, véritables toits à porcs, que beaucoup de paysans ont pour logements dans d'autres villages. On se sentait presque pris de l'envie d'aller demeurer parmi ces gens si honnêtes et si loyaux. Pendant les mois d'été, depuis le printemps jusqu'à l'automne, tout était en mouvement à Valdor. Le dimanche, quand il faisait beau, les bourgeois de la ville s'y rendaient en grand

nombre comme à un but de promenade. La belle et nouvelle
auberge, que, — voudrait-on le croire? — l'une des trente-quatre
de la ligue des Alchimistes avait acquise par achat, regorgeait de
citadins qui venaient s'y rafraîchir. D'autres familles descendaient
chez quelque villageois de leur connaissance, et se restauraient
dans le jardin à boire du lait et à manger des fruits, du miel, des
gâteaux et d'autres friandises de village; ou s'établissaient dans
la prairie à l'ombre d'un pommier; ou s'amusaient, assis devant
la maison sous un vieux arbre, à regarder la foule variée des passants et des promeneurs qui allaient et qui venaient; ou faisaient
elles-mêmes un tour sur la grand'place, où les enfants dansaient
gaîment en rond et s'ébattaient en chantant autour du tilleul
communal. On comprend aisément que les messieurs et les dames
de la ville ne payaient pas en monnaie d'ingratitude l'amusement
qu'ils trouvaient à Valdor, et que leurs visites rapportaient un
excellent revenu à l'auberge et aux familles chez lesquelles ils
descendaient. Ces visites se continuaient même souvent pendant
l'hiver. Alors les citadins venaient faire à Valdor des promenades
en traîneau; car nulle part ailleurs ils n'auraient pu être mieux
traités que là. Les habitants des villages voisins entendirent
raconter toutes ces choses, et ils se demandèrent avec un grand
étonnement comment il se faisait qu'on ne vînt pas également chez
eux. Dans leur simplicité, ils finirent par croire sérieusement que
les gens de Valdor avaient des secrets magiques pour attirer les
étrangers. Mais, au lieu de s'enquérir à fond de la nature même de
ces secrets magiques, ils restaient tranquillement assis sur leur
fumier traditionnel, et ils s'obstinaient à ne vouloir rien changer
à leur ancien train de vie. Quand ils parlaient de Valdor, c'était
toujours en termes de mépris, qui, à la vérité, déguisaient mal
leur envie. Leur dernier mot était toujours : « Pouah! nous venons
de nommer le village des alchimistes, rinçons-nous bien vite la
bouche. » Mais, loin de constituer une injure, ce sobriquet de
village des alchimistes était un véritable éloge pour les gens de
Valdor. Ceux-ci, du reste, ne se tourmentaient guère de s'entendre appeler ainsi; car on les tenait partout en grande estime
et en grand honneur. Ils continuèrent donc à vivre comme auparavant, et ils eurent lieu de s'en féliciter.

Quand ils avaient passé toute la semaine à travailler, le diman-

11

che était pour eux un véritable jour de repos. A la vérité, personne n'allait plus au cabaret. Mais, l'hiver, les familles se réunissaient entre elles, tantôt dans la maison de l'une, tantôt dans la
maison de l'autre, et elles passaient la soirée ensemble dans des
causeries agréables. L'été, on se livrait à toute sorte de jeux dans
la prairie, on tirait à l'oiseau, on luttait à la course, on jouait à la
bague ou à la balle. Souvent un chœur de jeunes hommes, exer-
cés dans la musique par l'instituteur Sébastien, allait chanter,
sous sa direction, quelques morceaux sur la lisière de la forêt.
Alors tout le village était là, et les étrangers, venus de la ville,
ne pouvaient assez admirer la justesse d'intonation des voix, l'art
avec lequel on donnait à chaque pièce la couleur et l'expression
convenables, et le soin judicieux qui avait présidé au choix de
ces compositions, toutes empruntées aux meilleurs maîtres et
écrites sur des paroles destinées à réveiller et à entretenir des
principes de vertu et des idées de patriotisme et de nationalité.
D'ivrognerie, de vol, de procès, de dissipation, on n'en entendait plus
un mot ; car l'accroissement du bien-être général et l'éducation
plus soignée que l'école donnait à la jeune génération avaient fait
naître, parmi les hommes de Valdor, le sentiment de l'honneur et
du respect de soi-même, sentiment dont on n'apercevait pas de
trace dans d'autres villages. Au premier aspect, les gens de la ville
les reconnaissaient et les distinguaient des paysans d'autres communes. Ils étaient d'une simplicité et d'une propreté exemplaires
dans leur mise ; ils étaient polis et réservés dans leurs paroles,
sincères et loyaux dans leurs actes. Si leurs vêtements ne se
distinguaient point par leur richesse, leur conduite en revanche
se distinguait par sa droiture. On ne doit pas croire cependant
que cette louable et profonde transformation fût exclusivement le
résultat de l'éducation et du bien-être général ; la sagesse de
l'administration communale et le zèle évangélique du bon curé
n'y avaient pas contribué pour une part moins efficace. A la
vérité, l'accroissement de la prospérité avait fait rentrer l'orgueil
dans quelques têtes, et plusieurs pères de famille s'étaient repris
à exagérer outre mesure la toilette de leurs filles, à leur donner
des robes de soie, à se vêtir eux-mêmes de drap fin comme les
messieurs de la ville, en un mot, à sacrifier en toutes choses au
démon du luxe. D'autres s'étaient remis à jouer aux cartes et aux
dés. D'autres encore avaient recommencé à prendre le chemin du

cabaret. A ce renouvellement des anciennes erreurs et des vices qui avaient naguère travaillé si énergiquement à la ruine de la commune, toute la partie saine et raisonnable de la population s'émut. Ce fut à qui blâmerait avec le plus de force ces écarts répréhensibles.

« Si l'on recommence ce train-là, disaient les uns, nous reverrons bientôt Job sur son fumier. — Cela est immanquable, répondaient les autres; et dès lors à quoi nous aura-t-il servi de nous donner tant de peines, pendant sept années, pour sortir du bourbier où nous étions? — La triste chose! se peut-il qu'il y ait des gens incorrigibles à ce point que les leçons les plus dures ne les amendent pas? reprenaient les premiers. — Ma foi! ne nous inquiétons pas de ces drôles, objectaient quelques-uns; s'ils veulent se remettre à manger de la vache enragée, c'est leur affaire. Quant à nous, soyons plus sages, et restons dans le chemin où nous avons trouvé le bien-être et le contentement. — Au fait, le meilleur parti à prendre, c'est de les laisser aller, répliquaient toutes les voix avec une honorable unanimité. »

L'indignation générale eut bientôt fait justice des vieux péchés auxquels différents ménages recommençaient à se livrer. De son côté, le digne curé intervint avec de sages et fructueux conseils. Enfin, le collége communal montra une louable et active sollicitude pour la morale publique, en prenant des mesures rigoureuses pour la tenue des cabarets, le débit de liqueurs fortes et les jeux de hasard. De cette manière tout rentra bientôt dans l'ordre, et les gens purent, sans craindre de dangereux exemples, tourner les yeux vers l'avenir et ne songer qu'à l'accomplissement des temps que Pierre leur avait prédits.

CHAPITRE XXX.

Le Baptême.

Ces temps arrivèrent bientôt. Ils furent signalés par un jour de bonheur ineffable, auquel Pierre aspirait depuis longtemps et que le ciel enfin lui accorda. La bonne et vertueuse Lisbeth avait mis au monde un beau garçon, et la venue de cet enfant transforma la maison en un véritable paradis. Aussitôt Pierre alla trouver le nouvel hôte du *Lion d'or*, qui était un des trente-quatre de l'association des alchimistes.

— Mon ami, lui dit-il, jusqu'à présent, je ne t'ai pas encore demandé de me rendre un service; mais me voici pour en réclamer un. Ma femme vient de me donner un fils, et il m'est impossible de la quitter pour aller à la ville, bien qu'une affaire d'intérêt exige qu'avant demain au soir, j'aie à ma disposition une somme de mille francs. Pourrais-tu me la prêter pour une huitaine de jours? Mais il faudrait qu'elle fût en pièces d'or, si c'est possible. Avant la fin de la semaine prochaine, je te la rendrai.

— Je te dois tant de reconnaissance, mon cher Pierre, lui répondit l'hôte du *Lion d'or*. Pourquoi ne te prêterais-je pas cette somme-là? J'ai reçu un remboursement de douze cents francs, et nous la prendrons là-dessus. Malheureusement elle sera, en majeure partie, en pièces d'argent.

— Cela me contrarie beaucoup, objecta Pierre; car je désire vivement l'avoir en pièces d'or.

— Eh bien, nous y arriverons, repartit son associé. Je ferai tout mon possible pour te la procurer dans les espèces que tu désires. Pour quand te la faut-il?

— Il suffit que je l'aie demain avant huit heures du soir, répliqua Pierre. Mais n'en souffle mot à ame qui vive.

— C'est dit, motus, murmura tout bas l'homme du *Lion d'or* en posant sur sa bouche l'index de la main droite.

Sorti de là, Pierre se rendit successivement chez les trente-trois autres membres de l'association. Il tint à chacun d'eux le même langage qu'à l'hôte du *Lion d'or*, leur demandant à chacun mille francs en pièces d'or, si c'était possible, et recommandant à tous le plus grand secret sur cet emprunt. Il n'y en eut pas un seul qui ne se sentît heureux de pouvoir enfin donner une preuve de reconnaissance et d'amitié à l'homme à qui tous devaient leur bien-être et leur régénération morale, et qui ne promît de lui apporter, avant le lendemain à huit heures du soir, la somme demandée. Ils tinrent scrupuleusement parole. Le lendemain, à huit heures précises, l'obscurité étant déjà venue, chacun des trente-quatre arriva à la maison de Pierre, et à mesure qu'ils se présentaient, ils furent introduits mystérieusement dans une chambre, où, chose étrange, il n'y avait ni lampe ni chandelle allumée. En introduisant le dernier venu, Pierre lui dit tout bas qu'il allait chercher de la lumière. Quelques minutes se passèrent, et il ne venait pas. Pendant ce temps, les trente-quatre, rassemblés dans la chambre obscure, furent pris d'une certaine anxiété en entendant des pas inconnus piétiner doucement à leurs côtés, et la respiration inquiète de l'un ou l'autre de leurs voisins; car aucun d'eux ne savait qu'un de ses collègues dût se trouver à la même heure au même rendez-vous. Enfin la porte s'ouvrit, et Pierre, revêtu de son splendide uniforme de capitaine, sa croix d'honneur sur la poitrine et son sabre au côté, entra dans la chambre, tenant dans chaque main une chandelle qu'il posa sur la table. A la lumière de ces flambeaux, les trente-quatre se regardèrent d'abord les uns les autres avec étonnement; car ils ne s'attendaient pas à se trouver là tous ensemble. Ensuite leurs yeux se portèrent sur Pierre, et chacun se rappela, au même instant, la nuit mystérieuse où, pour la première fois, tous avaient été réunis par lui dans la même chambre et où ils s'étaient vus devant la même table en présence de leur ami revêtu du même uniforme. Mais Pierre ne leur laissa pas le temps de donner libre carrière à leurs cris de stupéfaction. « Eh bien, mes bons amis, leur dit-il, si vous m'avez apporté la somme que j'ai demandée à chacun de vous, déposez-la sur cette table. »

A ces mots, chacun à son tour s'approcha de la table et y déposa la somme de mille francs. Plusieurs s'excusèrent de n'avoir pu l'apporter en pièces d'or ; mais ils l'avaient en pièces d'argent ou en bons billets de banque payables à vue. « Cela est égal, mes amis, leur répondit Pierre. Donnez-moi la somme telle que vous l'avez. »

Lorsque chacun des trente-quatre eut compté ses mille francs, Pierre reprit : « Mes bons amis, vous souvient-il qu'il y a aujourd'hui sept ans et sept semaines que nous nous sommes trouvés ici tous ensemble pour la première fois? Et avez-vous songé que le temps fixé pour l'épreuve et pour votre initiation est écoulé? Je vous ai promis qu'en suivant mes conseils vous sauriez, au bout de sept ans et sept semaines, l'art de faire de l'or, et que vous en auriez plus à verser sur cette table que je ne vous en fis voir. A cette époque, vous auriez eu de la peine à me montrer mille centimes; car personne dans la ville ne vous les eût confiés. Et voici qu'en vingt-quatre heures chacun de vous a pu m'apporter mille francs: de sorte qu'en ce moment, il y a là trente-quatre mille francs sur cette table devant nous. Je suis content de vous, mes amis. Vous êtes passés maîtres en alchimie, et vous comprendrez sans doute maintenant ce que je vous disais lorsque nous nous trouvâmes réunis ici il y a sept ans et sept semaines. Mais j'ajoutais, vous devez vous en souvenir, que l'art de faire de l'or est plus précieux que l'or même; car cet art est la véritable science de la vie. Restez donc fidèles à votre foi et à votre promesse. Persévérez dans la route où j'ai été assez heureux pour vous introduire, et chaque jour verra s'accroître votre félicité et votre bien-être. Sortir de cette voie, c'est sortir du bonheur. Inculquez profondément cette vérité dans l'esprit et dans le cœur de vos enfants; et, s'ils suivent votre exemple, ils trouveront la félicité et le bien-être dont vous jouissez. Un mot encore, mes amis. J'ai tenu la parole que je vous ai donnée. Vous êtes riches, parce que vous avez appris à borner vos désirs et à vous contenter de peu, parce que vous gagnez plus que le nécessaire, et parce que vous avez su mériter par votre probité la confiance des gens de la ville, dont les coffres vous sont ouverts. C'est de cette manière que vous avez appris à faire de l'or comme les hommes honnêtes et probes doivent en faire. Ou vous attendiez-vous, par hasard, à quelque autre procédé ? Quand Pierre leur eut parlé ainsi, les trente-quatre se prirent à rire, et le plus âgé d'entre eux, vénérable vieillard, lui répondit :

— A dire vrai, mon bon Pierre, nous avons compris depuis longtemps de quelle manière tu entends l'art de faire de l'or. Mais, dès le moment où nous vîmes clair dans ta pensée, nous eûmes honte de notre sotte superstition d'autrefois, et au fond du cœur nous te sûmes gré de nous avoir mis dans un meilleur chemin ; car, sans toi, sans tes bons conseils, sans tes encouragements si dévoués, nous ne serions jamais sortis de l'abîme où nous étions.

Pierre se réjouit beaucoup de ces paroles. Il fut touché surtout de l'affectueuse reconnaissance avec laquelle chacun des trente-quatre lui serra la main en prenant congé de lui.

— Un instant, mes amis, leur dit-il en les arrêtant au moment où ils allaient se diriger vers la porte. Je vais vous restituer d'abord l'argent que vous m'avez apporté. Je n'en ai aucunement besoin, et je vous l'ai demandé seulement pour m'assurer si en effet chacun de vous est initié au grand secret. Comme j'en suis convaincu maintenant, vous pouvez le reprendre et le remporter chez vous.

Chacun reprit alors l'argent qu'il avait apporté ; mais tous regrettèrent que Pierre n'en eût pas besoin en ce moment. « N'importe, lui dirent-ils. Dispose de nous comme tu l'entendras, le jour ou la nuit ; car nous te devons tout ce que nous avons et tout ce que nous sommes. Tu n'as qu'à parler, et nous marcherons à travers le feu pour toi. — Merci, mes amis, merci, » dit Pierre en leur serrant de nouveau la main avec effusion.

Comme ils se trouvaient ainsi cordialement pressés autour de lui et qu'ils pouvaient, sans être distraits par la crainte comme ils l'avaient été la nuit de l'initiation, contempler à leur aise son riche uniforme, ses splendides épaulettes et la belle croix d'honneur qui étincelait sur sa poitrine, ils témoignèrent le désir de savoir ce que signifiaient ces brillants insignes.

— Je vais vous dire cela, mes amis, répondit Pierre. Je dois à feu mon père bien-aimé, dont Dieu ait l'âme, d'avoir appris beaucoup de choses utiles, notamment les mathématiques et l'arpentage. Appelé sous les drapeaux, je ne pus manquer de faire rapidement mon chemin, grâce à ces connaissances, à une bonne conduite et à la régularité de mon service. Je fis mon devoir, et je parvins au grade de capitaine du génie. Un jour, au siége d'une place forte, comme nous nous disposions à ouvrir la tranchée, l'ennemi opéra une vigoureuse sortie dans le but d'empêcher nos travaux d'approche. Le prince héréditaire était avec nous, et il se trouva bientôt enveloppé par les assaillants. Il était exposé au plus grand danger. Je fus de ceux qui eurent le bonheur de voler les premiers à son secours, et je reçus une blessure qui lui était adressée. Vous en voyez encore la cicatrice sur mon front, et la preuve en est cette croix d'honneur. Nous parvînmes à dégager le prince, et à refouler les ennemis dans leur retranchement. Le siége continua avec énergie, et la place emportée décida du sort de la campagne. La guerre finie, je demandai mon congé, et je rentrai dans mes foyers, pourvu d'une pension viagère qui suffit largement à mes besoins et au delà. Le prince, vous le savez, ne m'a pas oublié non plus, et il vous souvient sans doute encore de la visite dont il a daigné m'honorer lors du voyage que Son Altesse fit, il y a quelques années, dans notre province. — Mais lorsque, en rentrant à Valdor et en revoyant le lieu bien-aimé de ma naissance, je m'aperçus de la profonde misère qui y régnait partout, je résolus de garder le silence sur ma fortune, pour ne pas être assailli par les bandes de mendiants et de vagabonds qui parcouraient la commune. Même j'hésitai à m'y établir, et j'eusse été me fixer ailleurs, si je n'avais vu Lisbeth, la fille du meunier. C'est ma Lisbeth qui m'arrêta ici. Alors je me proposai en moi-même d'essayer s'il me serait possible de me complaire parmi vous. Je me fis passer pour un homme pauvre, et je me donnai pour votre égal, afin de gagner votre confiance, ne parlant à personne du titre dont je suis revêtu ni de la pension dont je jouis. Seulement je fus forcé d'en donner connaissance au père et à la mère de Lisbeth, le soir où je leur demandai la main de leur fille, qu'ils ne m'auraient pas accordée sans cela ; car ils me tenaient pour un homme dénué de toute ressource. Mais quand, ce soir-là, j'eus conduit le meunier et sa femme dans ma maison et que je leur eus montré mon uniforme, mon brevet de capitaine, l'arrêté royal qui m'alloue une pension viagère et celui qui me confère le grade de chevalier, ils changèrent entièrement d'avis à mon égard. Cependant ils durent garder le silence sur tout ce qu'ils avaient vu. Aujourd'hui le secret n'est plus nécessaire, et tout le monde peut le savoir.

Ces paroles de Pierre avaient fait une vive impression sur son auditoire, et les trente-quatre, émerveillés de tout ce qu'ils venaient d'entendre, le félicitèrent cordialement de sa haute fortune. Mais par respect ils n'osèrent plus cette fois le tutoyer comme auparavant.

— Que faites-vous donc là, mes amis? leur dit Pierre aussitôt. Usez, je vous prie, en me parlant, des mots *tu* et *toi*, ainsi que vous l'avez fait jusqu'à présent. Je suis et je veux rester votre égal ; c'est pourquoi soyez et restez pour moi des frères. Ce n'est pas un uniforme de capitaine, ce n'est pas un ruban d'un ordre royal, mais c'est un cœur droit, sincère et rempli de la crainte de Dieu, qui fait l'honnête homme.

Ayant dit ces mots, il les embrassa tous l'un après l'autre avant qu'ils se retirassent. Eux, de leur côté, le remercièrent de nouveau de tout ce qu'il avait fait pour leur bonheur, et ils le nommèrent leur père, disant qu'ils célèbreraient, chacun dans sa maison, l'heureux événement de la naissance de son fils, comme si la joie de sa famille dût être aussi la joie de la leur. Le surlendemain, qui était un dimanche, avait été fixé pour le baptême de l'enfant de Pierre. Ce jour-là, dès le matin, tout se trouva en mouvement dans le village. En ce moment, Pierre s'approcha du lit de Lisbeth qui venait de se réveiller ; il embrassa avec effusion la jeune mère et son joli nourrisson, et dit :

—Chère Lisbeth, mon cœur ne se sent plus de joie. La naissance de cet enfant me donne une félicité inexprimable. Mais l'aspect de notre village me donne une félicité presque aussi grande. Reconnaissons-

le, mon amie, les hommes ne sont pas si méchants, ni si ingrats, qu'on
le dit. Gardons-nous de croire qu'ils n'ont dans le cœur que le sentiment de l'ingratitude; car, tiens, cette nuit, on a magnifiquement
couvert et décoré de fleurs et de guirlandes la façade de notre
maison, ainsi qu'on avait fait le soir de notre mariage. Mais on ne
s'est pas borné là. Toutes les maisons du village sont ornées de
fleurs et de verdure, comme si c'était fête dans chacune d'elles.
Enfin, depuis notre demeure jusqu'à la porte de l'église, on a
planté, de chaque côté de la rue, des sapins reliés entre eux par
des guirlandes de feuillage.

A ces paroles de Pierre, la jeune femme rougit avec une douce
émotion, et une larme roula de ses yeux.

— C'est donc à cause de cela, dit-elle, que j'ai entendu, la nuit
passée, tous ces chuchotements et ces bruits de pas sous ma fenêtre, sans que je pusse m'en expliquer le motif.

Elle ne voulut pas rester plus longtemps au lit. Il fallut qu'on
l'aidât à se lever et qu'on la plaçât dans un fauteuil près de la
fenêtre, afin qu'elle pût voir ce qui se passait. Alors elle se prit à
pleurer en silence; car rien n'émeut un cœur droit et sincère autant que l'union des esprits dans une pensée commune, surtout
quand cette pensée naît d'un sentiment noble et élevé. Lisbeth
étant retournée auprès de son nourrisson, son père et sa mère
arrivèrent; car c'étaient eux qui devaient tenir l'enfant sur les
fonts baptismaux. La meunière ne tarit pas sur tout ce qu'elle
avait vu dans le village, sur le goût avec lequel les maisons étaient
décorées, sur le mouvement qui régnait partout dans la commune.
A chaque phrase elle s'arrêtait pour s'écrier :

— Non, jamais on n'a vu à Valdor un jour de baptême semblable. On ne pourrait pas faire mieux pour célébrer la naissance
d'un prince.

Comme elle parlait ainsi, l'heure de midi était venue. Aussitôt les
trois cloches de l'église se mirent à sonner à toutes volées, et l'enfant fut porté au baptême. Le nourrisson ouvrait le cortége; puis
venaient son grand-père et sa grand'mère, accompagnés de leur

gendre, qui répondait à droite et à gauche aux saluts de la multitude disposée le long de la route. Le gros de la population était
rassemblé devant la porte de l'église et formait un demi-cercle,
composé d'hommes, de femmes, d'enfants et de vieillards. Tous
les yeux étaient fixés sur Pierre ; et, comme il passait, toutes les
bouches lui disaient à voix basse : « Bonjour, père Pierre ! »

Quand il fut entré dans l'église, toute la foule l'y suivit. La
cérémonie du baptême étant terminée, le bon curé monta en
chaire et prononça un sermon sur la reconnaissance que le peuple
doit à une administration sage et paternelle. Jamais jusqu'alors
il n'avait parlé avec autant d'onction et d'enthousiasme. Chaque
parole qu'il disait, allait droit au cœur, et l'émotion croissait de
minute en minute dans l'auditoire. Il n'y avait personne qui ne
fît des efforts pour retenir ses larmes. Mais, quand l'orateur, parvenu à sa péroraison et cédant lui-même à l'émotion générale,
se mit à invoquer, d'une voix tremblante, la bénédiction de Dieu
pour la digne administration de Valdor et laissa involontairement
échapper de sa bouche le nom de Pierre qui était déjà présent
à tous les esprits, ce ne fut qu'un sanglot d'un bout de l'église à
l'autre. Car chacun songea, en ce moment, à tout ce que Pierre
avait fait pour le village, aux institutions utiles qu'il avait créées,
aux mesures sages qu'il avait provoquées, au bien qu'il avait
aidé à fonder, souvent au sacrifice de sa bourse, de son temps
et de son repos ; en un mot, on se souvint de la charitable activité
de cet homme dévoué, en qui tout le monde reconnaissait le véritable auteur de la prospérité et du bien-être de la commune
entière. Le bon curé lui-même ne trouvait plus de paroles. Il
conclut, en bénissant toute l'assistance au nom du Père, et du Fils
et du Saint Esprit. L'excellent Pierre, tout confus et cependant
profondément touché de ce qui venait de se passer, osa à peine
lever les yeux au moment où il sortait de l'église. Il traversa, la
tête baissée, la multitude qui le saluait de toutes parts, et il alla
rejoindre Lisbeth qui l'attendait avec impatience. Il suffoquait
d'émotion et d'attendrissement. Son beau-père et sa belle-mère
partagèrent, ce jour-là, son dîner avec le digne curé, les deux
échevins et Sébastien. Ceux-ci racontèrent qu'il se tenait un fes-
tin dans presque toutes les maisons de Valdor, que les uns avaient
invité les autres, et que les pauvres dînaient chez les riches.

Mais Pierre secoua la tête en disant : « On me fait beaucoup trop d'honneur, je n'ai pas mérité cela. »

Cependant, la joie générale qui régnait dans la commune ne tarda pas à devenir de plus en plus bruyante. Elle parvint à ramener la gaîté dans l'esprit de Pierre. Le soir venu, il parcourut le village, accompagné de ses hôtes, alla de maison en maison, et prit place un instant au milieu de chaque famille, la remerciant de tous les témoignages d'affection qu'on lui donnait. Tout Valdor était en jubilation, et les étrangers y étaient venus en foule ; car les gens de la ville, sachant quelle fête se préparait, étaient accourus pour y assister. Le mouvement de la multitude dura jusqu'à la nuit close, et bien avant dans la soirée on entendait encore des cris d'allégresse et des chants dans les maisons, dans les jardins et devant les portes. On parla longtemps et on parle encore aujourd'hui à Valdor de ce beau jour. Et depuis ce temps on ne désigna plus l'excellent Pierre que par le nom de Père, et la douce Lisbeth que par celui de Mère. En vérité, en vérité, le bien que l'homme sème pendant sa vie finit toujours par produire une riche moisson, pour laquelle l'heure de la récolte ne manque jamais d'arriver. Car là-haut dans le ciel vit un Dieu plein de bonté, dont la miséricorde et l'amour récompensent ceux qui pratiquent ses saints commandements.

FIN.

Tournai, typ. de H. Casterman.

Tournai, typ.